中国高等院校『十二五』
环境设计精品课程规划教材

易璐　祝丽莉 / 编著

LIVING SPACE DESIGN
居住空间设计

U0244567

 中国青年出版社
CHINA YOUTH PRESS

 中青雄狮

图书在版编目（CIP）数据

居住空间设计 / 易璐，祝丽莉编著 . — 北京：中国青年出版社，2014.7
中国高等院校"十二五"环境设计精品课程规划教材
ISBN 978-7-5153-2502-6
I.①居 … II.①易 … ②祝 … III.①住宅 − 室内装饰设计 − 高等学校 − 教材
IV.①TU241
中国版本图书馆 CIP 数据核字（2014）第 127791 号

中国高等院校"十二五"环境设计精品课程规划教材——
居住空间设计

易　璐　祝丽莉 / 编著

出版发行：中国青年出版社
地　　址：北京市东四十二条 21 号
邮政编码：100708
电　　话：（010）59521188 / 59521189
传　　真：（010）59521111
企　　划：北京中青雄狮数码传媒科技有限公司

策划编辑：马珊珊
责任编辑：张　军
助理编辑：孙艳冰
封面设计：DIT_design
封面制作：孙素锦

印　　刷：中煤涿州制图印刷厂北京分厂
开　　本：787×1092　1/16
印　　张：6
版　　次：2014 年 8 月北京第 1 版
印　　次：2014 年 8 月第 1 次印刷
书　　号：ISBN 978-7-5153-2502-6
定　　价：49.80 元

本书如有印装质量等问题，请与本社联系
电话：（010）59521188 / 59521189
读者来信：reader@cypmedia.com
如有其他问题请访问我们的网站：http://www.cypmedia.com

前言
PREFACE

随着20世纪70年代末中国开始实行改革开放政策，人们的物质条件得到了极大改善，文化生活水平也不断地提高。经济的持续稳定，带动了地产业、宾馆、娱乐业的迅速发展，给室内设计提供了一个良性发展的平台，同时也使20世纪人们对居住设计有了更高的要求，更强调人性化，关注自身的生活环境，对居住空间的装饰和美化有了精神层面和个性化的追求需要。其实对室内环境进行装饰，在东西方的历史上都有璀璨的成就。例如：我国明清时期的皇家建筑内部装饰；欧洲17世纪早期的巴洛克风格，18世纪中期的洛可可风格，都已经有了较早的室内设计雏形，并渐渐地与建筑主体分离。但是真正意义上的现代室内设计其实在我国发展的时间并不长，大约也就几十年的历史。20世纪80年代以后我国各大院校才相继开设了室内设计专业，并取得了快速发展，建立了一套较完整和系统的设计教学理论体系。恰逢其时，近几年中国地产业、建筑行业高速发展，住宅业的兴旺带来了难得的机遇，室内设计更加备受人们的关注，被誉为"金色灰领"职业，人才的供应和需求出现了较大的缺口。基于此，本人编写《居住空间设计》教程，目的就是向读者介绍当代的居住室内设计的最新进展和状态，和读者共同探讨设计的新观点、新工艺、新材料和最新的室内设计作品等等。

本书编写时理论与实践并重，深入浅出，图文结合，可读性较强，可作为教材使用。本书的出版首先要感谢中国青年出版社的支持，同时要感谢江西科技师范大学理工学院艺设系祝丽莉老师的帮助。此外，在本书编写过程中还得到了大一日和装饰设计有限公司KBL设计团队、江西理工大学应用科学院欧阳可文老师，以及资深照明设计师任江先生的大力协助。由于时间仓促，掌握的资料有限，书中难免出现缺点和错误，希望同行对不尽完善之处加以指正和补充，使其内容精准而丰富。

本书在编写过程中参考了众多学者的研究成果，引用了不少优秀的图片资料，部分作品的作者不详，无法查实，在此深表歉意；另外，对在此书编写过程中付出辛勤劳动的同事、同学，在此一并给予真诚的感谢！

编　者
2013年9月

目 录
CONTENTS

CHAPTER 1

居住空间的
发展与概况

知识目标：熟悉居住空间建筑的起源和发展，掌握居住类空间的类型及我国传统民居的基本特征，并能在今后的学习中将知识点合理运用。

重点及难点：居住类空间的发展类型；中国传统民居的历史和风格演变。

01
居住空间的起源与发展

从古至今，人类在有限的生活范围内有目的地进行创造和设计。从世界范围来看，史前居住类建筑在不同区域均有许多相似之处。早期的人类都有过穴居或者橧巢的经历，像法国的肖维岩洞、中国的涌山岩洞等等都有历史说明，从中可以看到早期人类的生活痕迹，同时也可以看到人类开始美化自己家园的动机和审美观。像壁画艺术、原始的装饰品或多或少地说明早期的人们开始了对居住空间的设计的探索。在此以我国的住宅的起源和文化对居住空间设计进行研究和探讨，勾勒出居住空间的发展和早期探索所取得的重要成果。

一、人类创造居住空间

中国是世界文明古国之一，《庄子·盗跖》中记载："上古之世，人民少而禽兽众，人民不胜禽兽虫蛇，有圣人作，构木为巢以避群害，而民悦之，使王天下，号曰'有巢氏'。"从中可以得知中国史前社会即有先民"构木为巢"以蔽风雨以及抵挡野兽的侵袭。史前社会分为新旧石器两个时期，旧石器时代人类以采集和狩猎为主要生产活动，生产力水平极低，完全依赖自然资源和环境生存。那时人类主要借助自然山洞进行穴居。距今一万年左右，中国迎来了新石器时代的曙光，人类的生产力得到了发展和提高，在改进石器工具的同时，社会分工更加完善，出现原始农业、畜牧业等；工艺领域也得到了很大的进步，出现了陶器、雕刻、纺织等工艺门类。此时，人类改造自然和支配自然的能力大大加强。

大约距今六七千年前，在以原始农业为基础的新石器时代，萌发了原始建筑的雏形。原始社会的建筑虽处于胚胎期，但对后来我国居住建筑的形式及风格影响很大。根据大量的考古发现，黄河流域及北方地区主要是半地穴居住型建筑，也有少部分是地面建筑。主要代表有西安半坡圆形屋遗址、陕西临潼姜寨仰韶文化遗址（见图01、图02）。

这种半地穴居住型原始建筑的建筑特点表现在两个方面：在形状上，有圆形、方形和长方形；在形式上，有半地穴建筑和地面建筑，其中半地穴建筑居多。每座房子均有窄窄的门道。门道上有雨棚，前面有雨坎，以防止雨水流入屋内。房子内部中心或靠边有圆形或瓢形灶坑，火灶多正对入口，可以对室内空气进行加热，周围有1~6个不等的柱洞，用柱子对房屋结构进行支撑。居住面和墙壁都用草拌黄泥涂抹，并经火烤以使其坚固和防潮。圆形房子直径一般在4~6米左右。

在长江流域及南方地区，由于气候较为潮湿，已演进为初期的干栏式建筑，建筑大体多采用干栏式结构。重要发现有浙江姚河河姆渡文化遗址。该建筑物长约20米左右，基础均采用四列平行桩柱，进深7米左右；居住面地板高出1米，建筑呈矩形。从出土遗址上来看，技术上已经开始运用了最早的建筑榫卯结构木制构件以及企口板和直棂栏杆等（见图03~图05）。

二、传统住宅建筑的发展

事实上中国远在战国时期已经踏入了封建社会，历经多个王朝，直到晚清延绵2000余年。其间，中国的建筑和居住空间设计的水平与技术一直处于世界先进水平。

公元前221年，秦国统一全国，建立了第一个封建集权制的国家。这个时期是我国住宅建筑发展的重要阶段，住宅建筑逐渐形成了早期风格和自身独有的特色。建筑的形式和技术

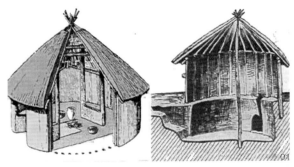

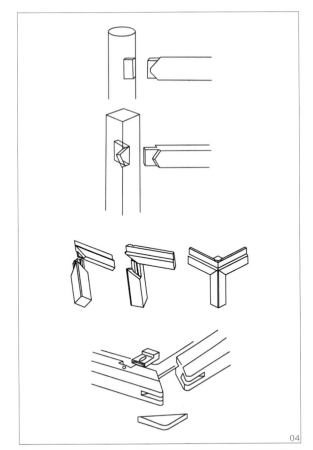

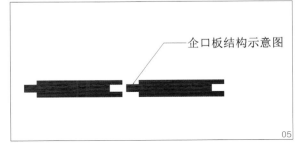

企口板结构示意图

01.半坡圆形屋遗址复原图　　02.陕西临潼姜寨仰韶文化遗址　　03.浙江姚河河姆渡文化遗址复原图
04.斜肩夹角榫、抱肩榫、闷榫示意图　　05.企口板结构示意图

日益完善，建筑形式上开阔而奔放，风格上自然拙朴、气魄恢弘。

1974年秦宫一号遗址的发掘，通过专家的建筑模拟复原（见图06），发现它是一处台榭式建筑，台高6米，台顶上坐落主体宫室，西侧还有卧房和主体宫室相连形成的较大的居住区。此时的秦建筑在木构上已普遍采用"穿斗式、抬梁式"技术，并能够建造多层木建筑，建筑屋顶形式丰富，出现了庑殿、悬山、折线式歇山、攒尖、囤顶等多种形式。在居住

建筑材料上，砖、瓦已大量生产和使用。

秦朝时期居住空间的布局也有了一定的发展。小户人家房屋平面布局一般为矩形，房门居中布置。大户人家有独自院落，一般为两进式的，形成"日"字平面布局。在室内空间，地面多铺设带花纹方形砖，墙面流行壁画，内容多以历史故事为主。家具方面也比较丰富，有床榻、几案、菌席、箱柜、屏风等类别。室内陈设已广泛运用铜制工艺品，另外漆器也有很大的进步发展，大件器皿有器鼎、器壶，小件物

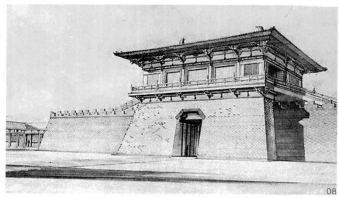

06.秦宫一号复原图　　07.秦朝漆器　　08.唐代城门建筑复原图　　09.唐代鸳鸯莲瓣纹金碗

体有漆盘、漆盒等（见图07）。

魏晋南北朝时期由于佛教的传入和统治者的大力提倡，大批的佛教建筑被兴建。佛教的教义和精神已经开始深入人心并影响着人们的审美，同时许多外来的佛教建筑同中国传统建筑结合融洽，形成了早期富有中国特色的、独有的建筑形式。魏晋南北朝在室内装修方面主要体现在墙面壁画上，这一时期继承和发扬了汉代的绘画艺术和室内屏风设计，呈现了丰富多彩的面貌。在室内地面处理上还是以粉刷为主，这种地面刷饰的色彩基调中，红色依然是被禁止随意使用的，以白色的地面居多，大户人家室内地面还有满铺地板的做法。魏晋南北朝时期，室内家具在动乱的政治背景下却得到了较大的发展，主要原因是：当时手工业者相对农民来说有一定的自由度；动荡的社会促进了民族和文化的融合；外来文化进入中原，如佛教文化、波斯文化等等。这些对当时的家具设计制作带来了新鲜的血液。家具的尺寸受胡人生活习惯的影响，比先前时代也有一定的升高，出现了少部分的椅子等。室内屏风也由原来的几褶发展成多叠式。这些成为唐以后普遍使用高形家具的前奏。

封建时期住宅建筑发展的高峰是隋唐时期。这一时期，建筑发展到了一个成熟的阶段，形成了一个完整的建筑理论体系。唐代建筑规模宏大、气势磅礴、庄重大方，建筑古朴却富有

活力——正是当时国力、文化、艺术的综合体现。这个时期居住建筑的代表为"大明宫"。大明宫坐落在长安城市中心，据现在的专家考古发掘后推断：大明宫周长约7.6公里，面积约3.2平方公里；有11个城门，东、西、北三面都有夹城；南部有宫墙环卫，应该是唐代众多建筑中最宏伟大气的，同时也是我国住宅建筑史上的完美代表和骄傲。隋唐建筑强调艺术与结构的统一，没有华而不实的构件，建筑色调简洁明快，屋顶舒展平远，门窗朴实无华，给人庄重大方的印象。这种特点在后世建筑中基本还是比较少见的（见图08）。

隋唐民间居住建筑多采用单层单栋结构，较大的富裕人家的宅院开始称为"第"，这就是我们在后世常见许多封建士大夫家大门口刻有的"大夫第""状元第"的缘由。在居住空间内常有多所房间相连，形成一个功能分区明确合理的居住建筑统一体。室内装修上，由于唐代较为崇尚佛教，住宅内喜用复杂华丽的纹饰描绘，常见的有莲花瓣纹。包括室内陈设品也有许多莲花瓣纹的，如莲花杯和国宝级文物鸳鸯莲瓣纹金碗（见图09）。室内地面上多铺设素砖和莲花纹砖。

这一时期，家具款式方面也有极大的创新，相比前代，隋唐是由低形家具向高形家具转化的时期，家具内容更为丰富，造型雍容大度。在尺寸上具有高低形家具并行的特点。常见的流行家具有圈椅、圆凳、腰椅、四腿小凳等等（见图10、图11）。

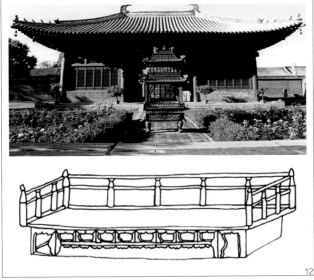

10. 唐代圆凳　　11. 唐代腰椅　　12. 宋辽时期建筑——独乐寺观音阁、宋辽时期家具——桃形沿面雕木床

13. 苏州拙政园内景

公元979年，宋太宗统一了中原和南方地区，结束了五代十国的动乱局面。整个宋辽时期，经济、文化和对外开放方面仍旧取得了很大的成就。虽然宋辽的建筑设计、室内装饰艺术规模不及唐代，但是在风格上却趋于秀丽和多样化，建筑风格上变唐代雄伟质朴为秀美多姿，城市布局上突破了里坊制的限制而使城市规划出现重大变化。《清明上河图》反映的就是当时的城市繁荣情景。在室内建筑结构上许多大型的殿堂都不做吊顶，而是将梁架暴露在外，以展现梁架的结构美，通常称之为"彻上露明造"。也有少部分建筑会做天花，一种形式称平阇，另一种称为平棋。平阇是指木条组成的方格网，平棋则是以间阔和步架为准，四周做埥枋，埥枋上面钉背板，大致如棋盘。藻井大都用于佛殿和宫殿，宋朝

藻井常见的有斗四和斗八两种，贵族士大夫的宅院的室内部分装饰也相比前代更丰富。室内的墙面常用云石、琉璃装修，有的墙面还常常包以织物，甚至饰以金银。室内地面材料使用上有地砖、大理石、地毯等材料。室内的家具款式上，由于当时垂足而坐的起居方式已经完全普及，出现了许多新的家具，如圆形和方形的高几、琴床、炕桌等。家具在造型上强调简洁、挺秀的特点，与唐代的富丽、豪华大不相同（见图12）。

传统住宅建筑在中国封建社会的尾声，即明清时期发展到了高峰。1368年，朱元璋建立了明王朝，在居住建筑上依然延续了之前的建筑形式，并继续发展。艺术上，文人绘画发展到了有史以来的最高峰，这时期的建筑语言和建筑美学深

14 . 广州开平碉楼   15 . 精美的石雕   16 . 精美的木雕   17 . 天花藻井   18 . 井口天花

受文人士大夫的审美需求影响：居住建筑不光强调使用功能上的完善，同时体现了"天人合一"的思想（见图13）。1644年满清王朝建立，统治者在文化上尊崇汉学，建筑上几乎全盘继承了明代建筑的特点。在清朝后期特别是1840年以后，由于世界先进思想的传播，我国的社会性质发生了翻天覆地的变化，这时的居住建筑同外来文化结合，在一些方面可以说取得了不小的发展和进步。比较有代表性的居住建筑有广州开平的清末碉楼（见图14）。其特色是中西合璧，有古罗马、伊斯兰等多种风格。建筑上采用多层，在材料上常见有石头、混凝土、夯土等，结构厚实且具有极强的防御能力。开平碉楼是典型的中国传统居住建筑融合了西方建筑文化的独特建筑艺术形式，这些不同风格流派的建筑元素在开平碉楼身上和谐共处，表现出极大的包容性，形成了那个年代独有的居住建筑，如今看去依然表现出特有的艺术魅力。

明清居住建筑在技术和装饰上迅速发展，在材料上青砖成为普通人家建房的主要材料，砖雕、石雕、木雕的技术也已经很娴熟（见图15、图16）。砖瓦房的普遍流行使得我国传统建筑中的斗拱、雀替不再完全用于建筑的负荷，在有些民居中出现了以斗拱、雀替作为装饰目的的建筑。明清居住建筑分为"大式"和"小式"两大类，大式多指有斗拱的高级建筑，而小式多指没有斗拱的一般的普通民居。室内装修上光天棚的做法大致就有井口天花、藻井、海墁天花（或称软天花）及纸顶四种类型（见图17、图18）。

02

地域性住宅之南北民居

一、南北民居概述

我国历史悠久，地域广阔，是个多民族多文化的国家。由于各个民族的经济发展不太均衡，在漫长的历史进程中，逐步形成了各地不同的具有民族特色的民居建筑形式。在这众多的民居中，我们可以长江、黄河为中心点，把它们划分为两大地域——以长江文化为中心的南方民居和以黄河文化为中心的北方民居。我国传统民居布局常用的建筑形式和风格有：四水归堂式；一颗印模式；黄土地窑洞式；干阑式；木构架及院落式。

二、北方民居

北方民居住宅中，以北京四合院和山西平遥、祁县的民居最为典型。北京四合院在布局形式中采用木构架及院落式，这种住宅的特点为：以木构架房屋为主，坐北向南，强调建筑的中轴线对称，在中轴线上建有正房，正房的前方左右两边建有东西厢房，并围合成院落（见图19）；住宅注重保温隔热，屋顶为硬山式顶部结构，材料上多用青砖、木头，整个院落被房屋和墙垣包围；北京四合院蕴含着深刻的文化内涵，雕饰、彩绘处处体现传统文化和居民对美好幸福的追求，如寿字组成的木雕图案和蝙蝠图形寓意"福寿双全"，大门口的抱鼓石象征欢迎远方客人等等；北京四合院在建造中极其讲究风水，对选址、建筑物的高低、大门的位置朝向都有特别的要求，如大门一般开在东南角，被称为"坎宅巽门"，是吉利兴旺的象征（见图20）。另外民居大门还蕴含了礼仪和等级，按照等级高低一般可以分为广亮大门、屋宇式大门、金柱大门、如意门、垂花门和乌头门（见图21）。山西平遥古城始建于公元前800年左右的周宣王时期，是我国历史最悠久的古县城之一，现依旧保留了完整的明清古建筑群。另外，山西祁县乔家堡村的乔家大院更是因"皇家故宫，民宅乔家"之美誉而蜚声海内外，是北方民居中的精品代表。乔家大院体现着我国近代北方民居建筑的风格和特点，在布局形式中采用木构架及院落布局式结构，整体建筑群约有大小院落二十余个，房间三百间左右，呈"双喜"形相互连接，建筑外围砌有厚实高大围墙。这种"外实内静"的设计不但阻隔了外部嘈杂之音，还具备一定的防御功能。乔家单体建筑上的特点是单坡屋面，建筑内部极其讲究，砖雕、木刻、彩绘到处可见，并且工艺精湛，充分显示了我国古代劳动人民高超的建筑工艺水平（见图1-22）。

三、南方民居

南方民居住宅中，江浙的苏州民居，安徽皖南的徽派民居都各有特色，是不可多得的居住建筑艺术的代表。安徽皖南民居建筑对整个长江地区民居建筑风格影响很大，其特点介绍如下。首先，在建筑布局中采用四水归堂式，以天井为建筑的中心点、采光点和通风口，四周建立较高建筑居住（见图23）。风水中讲究雨水通过屋檐流向天井，取其"肥水不流外人田"之意，反映了徽商文化。其次，形象特征明显，白墙、青瓦、马头山墙高低起伏，大门入口的元宝形门罩错落有致。再次，文化内涵丰富，建筑物各部位设计制作精细考究，楹联文化、"三雕艺术"（木雕、石雕、砖雕）丰富了建筑本身。

江南水系密布，苏州民居多依水而建，水、路、桥仿佛缕缕

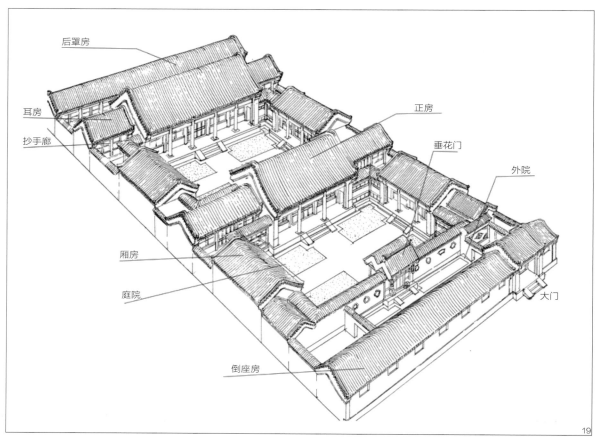

后罩房

耳房

抄手廊

正房

垂花门

外院

厢房

庭院

倒座房

大门

19

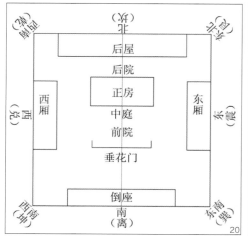

（乾）西北	（坎）北	（艮）东北
	后屋	
	后院	
西厢	正房	东厢
（兑）西	中庭	（震）东
	前院	
	垂花门	
	倒座	
（坤）西南	南（离）	（巽）东南

20

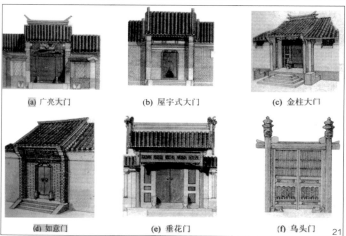

(a) 广亮大门　　(b) 屋宇式大门　　(c) 金柱大门

(d) 如意门　　(e) 垂花门　　(f) 乌头门

21

19.北京四合院示意图　　20.四合院风水布局图

21.四合院院门种类

22 . 山西祁县乔家大院

23 . 四水归堂式皖南民居

24 . 苏州民居图

丝带将建筑环绕。苏州民居院落中一般都有天井，均采用青砖、蓝瓦为主要材料，建筑秀气精致，形成了江南地区独有的水乡民居文化（见图24）。

四、少数民族住宅

我国是多民族国家，因此少数民族住宅是我国传统住宅文化中不可缺失的一个重要组成部分，如傣族竹楼、藏族碉房都极具特色，有很强的艺术性和代表性。傣族主要聚居在云南地区，由于那里气候湿润，四季雨水充沛，民居建筑采用干栏式形式，也称高脚楼，多用竹、木为主要材料。上层住人，底层养牲畜，这样的设计很好地解决了防潮与通风的需求。藏族碉房主要分布于寒冷的青藏高原，主要选用石材和木头依山砌建。房屋样式上做成碉楼形状，这样有利于防风避寒，同时还具备很强的防御能力。藏族人民是个爱美和善于表现美的民族，在房屋内部的墙上往往被绘制吉祥图案的壁画，用色艳丽美观，屋内设计多姿多彩。

CHAPTER 2

居住空间设计的原理

知识目标：了解居住空间设计的基本概念，掌握居住空间设计的原理，如设计法则、色彩运用、照明设计等。通过本章节的学习，能对现代居住空间的材料与工艺、传统居住空间中古典家具制作特点有更深层次的理解，为今后从事设计工作打下一定的基础。

重点及难点：居住空间的基本概念和原理；原理在设计中的运用；现代的设计工艺及材料学。

01 居住空间设计的基本概念

人类的活动离不开公共空间和住宅空间，室内环境必然会直接影响到室内生活和工作的质量，关系到人们的安全、健康、效率、舒适度等等。居住空间环境的创造，应该把保障安全和有利于人们的身心健康作为设计的首要前提。另外，居住空间设计还应该同母体建筑物风格及周边环境氛围相协调，使其在艺术美感、功能使用、文化精神上达到最大化的发挥和统一。

一、基本概念

居住空间指的是供家庭或者个人日常居住使用的场所，是人们为满足家庭和个人生活需要而利用拥有的物质和掌握的技术创造的人为居住环境。生活方式及大众的习惯是居住空间组织的内在依据，因此不同民族、不同地区的居住空间设计呈现出差异性。

空间设计是指根据空间的使用性质、所处的环境和相应标准，运用相应的技术手段和美学原理，创造功能合理、舒适优美，满足人们物质和精神生活需要的空间环境。

二、设计的参考依据

居住空间是人们最为熟悉的室内空间，包括了起居、休息、娱乐、学习、工作、饮食、聚会等多种功能场所。我们在充分考虑设计内容的同时，还要依据各种功能特点来进行合理的空间组织、布局安排。进行居住空间设计时要参考以下几点内容（见图01）。

（1）室内空间的利用：考虑功能使用、空间基本形态的同时，尽可能合理而又最大化地发掘空间潜力。室内空间中，过道是各功能区的重要纽带和公共活动场所，是不可缺少的，过渡空间我们在设计中应该一方面将过道设计成满足功能区域的联系通道，另一方面应控制其在空间总面积中的比例，做到空间更大化的使用。

（2）室内环境中人体常规活动路线设计：流动路线能够起到贯穿空间区域和组织流动形式，提高我们生活和工作效率的作用。在设计过程中，我们应该充分地考虑人的活动习惯和活动特点。

（3）人体活动特征与人机尺度：充分了解人体在空间中的活动需要，利用人机工程测量数据，作为组织居住空间的基本依据。

（4）家具、设备与居住空间关系：家具、设备在居住空间中是必不可少的，是居住空间中功能设计的重要体现，因此我们在设计组织居住空间时，家具、设备的规格尺寸、体积、组织方式和摆放位置也是我们要重点考虑的因素。

（5）空间的结构类型和构图形式：空间的组织是以满足功能为最终目的的，在布局上要依靠构图形式来体现，在划分空间时还应该考虑到空间设计采用的结构类型，如开敞空间结构、共享空间结构、母子空间结构、交错空间结构等等（见图02）。

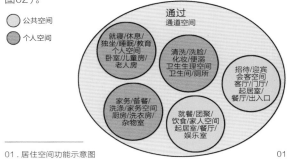

01. 居住空间功能示意图

02
设计法则

空间关系是所有设计中的"重中之重"。在进行空间设计的同时，我们必须遵循一些基本的形式法则，以与人们的审美相符合。同时这些美的形式法则也是进行空间设计评判的标准之一。在居住空间室内设计中，这些形式法则主要表现在：体量与尺度、对称与均衡、节奏与韵律等等。要把室内空间设计的完美，我们就要合理地运用这些法则来达到自己的设计要求。

一、体量与尺度

任何建筑物都有自身功能对空间尺度的要求，例如：居住空间的空间尺度必定比商业空间的要求更低。在空间设计中体量与尺度一般是指建筑物或建筑室内设计中，比照参考标准或者其他物体大小时的尺寸。首先，空间是三维呈现的实体，建筑和室内的体量与尺度不光体现在平面当中，像空间高度对体量与尺度也有极大的影响。有时增加空间的高度也会给我们带来心理上的独特感受，像欧洲的古典教堂往往会在室内设计穹顶，增加室内空间的高度与亮度，从而给人们增添庄严和神秘感，这种独特的心理感受就是空间体量与尺度对人类的影响。

二、对称与均衡

对称与均衡是空间设计中维持空间稳定和谐的一种处理手法。古今中外，建筑、工艺品、书法、国画等都广泛采用此处理手法。特别是一些官方建筑物和皇家建筑都是对称与均衡的经典代表。利用对称和均衡往往可以营造建筑物的端正严肃、使空间产生一种四平八稳的气度。不过，一成不变地使用这一法则会造成空间的呆板，在有些特定场合（如另类时尚空间）中，我们也可以削弱对称与均衡的作用，使空间变得活跃不呆板，充满活力。这个法则"度"的把握就需要我们设计师具备深厚的设计功底。

三、统一与变化

统一与变化是艺术造型中重要的形式法则，也是普遍规律。统一，一般指不同的物体按照一定的规律有机地组成为一个整体；变化指不破坏整体统一的基础上，强调个部分的差异，从而追求造型的丰富多彩。

四、节奏与韵味

节奏概念通常指音乐当中的节奏，音调与节奏构成了旋律。在设计中，空间节奏最大的特点是指某些元素具有周期性并且规律性地延续，像空间设计中的高低错落、疏密变化都有明显体现，节奏与韵味可以使空间成为统一的整体，又能产生丰富的变化。

总之，作为居住空间设计师。我们应合理正确地运用这些空间设计法则，在设计中贯穿"以人为本"的思想，去发掘设计中的本质美，不使设计流于基本形式，与时代同步，创造出更美的作品，更好地服务社会。

03
色彩运用

一、色彩的基本知识

色彩使世界变得生动、绚丽，它是造型艺术中不可缺少的基本因素。在设计中运用得当的色彩能给设计以赏心悦目的视觉艺术。在室内设计中色彩不同，会影响整个室内设计的空间氛围，表现出不同的感情效果。色彩能够给人们带来各种心理感受，悲伤或者愉快、兴奋或者苦恼，它在人们的生活中扮演了特殊而又重要的角色。

什么是色彩？准确地说是一种来自宇宙的电磁波，波长一般在380nm～760nm左右才可以被人们看见的光，物体的颜色只有通过了光线的照射才可以反射到人的视觉系统中来，从而被大脑分析和认识（见图02）。

之所以我们能分辨的颜色数以千计，是由于光线照射到各种物体上被物体吸收或反射的结果。波长大于760nm的电磁波是红外线，微波和广播无线电波。波长小于380nm的电磁波是紫外线，X射线和宇宙射线。780nm～380nm的光依次是红、橙、黄、绿、青、蓝、紫七色光，呈完全反射的为高亮度的白色，完全被吸收的为最低照度的黑色（见图03）。

二、色彩三要素与色调

人们为了便于研究，按色彩的性质和特点，经过整理和归纳，渐渐地形成了通过色彩三要素来全面界定色彩。色彩三要素就是指区分和比较各种颜色的三种统一的标准和界定方式，即色相、明度、纯度。

（1）色相，即色彩的原貌，又称色别、色性。它反映色彩各自的品格，并以此区分各种色彩。平常生活中所用的红、黄、蓝、绿、紫等名称就是色彩的符号。对光谱的色彩顺序按照环状排列即为色环，常见的有12色环、24色环等。其中，红、黄、蓝为三原色（见图04）。

（2）明度，即色彩的明暗程度，也称亮度或色度。不同色相的明暗程度是不一样的，以黄色最高，向两端发展，明度减弱，以紫色的明度最低。色相含白色越多，明度越高；含黑色越多，明度越低。

（3）纯度，即色彩的饱和程度，也称彩度，是指色彩的鲜明或强弱程度，即某一颜色中所含色彩成分的多少。原色和间色是标准的纯色，色彩鲜明饱满，加入白色纯度减弱，成为不饱和色，而明度反之增加；加入黑色或者多种颜色搅拌，纯度减弱，成为不饱和色，明度也会随之减弱变暗（见图05）。

在室内环境中，通过色彩的色相、纯度、明度相关元素的组合变化，对一种色彩结构产生整体的印象，这便是色调。或者说是色彩的基本调，也就是色彩的整体感。色调的构成与色彩的三要素密不可分，大致可以分为如下几种：

① 按色相分：常见的有黄色调、蓝色调、红色调、紫色调等等。

② 按纯度分：常见的有中间调、冷色调、暖色调等。

③ 按明度分：常见的有灰色调、亮调、暗调等。

三、色彩对人的影响

由于人的生理和心理的原因，大自然给予了我们对色彩不同的感受，也可以说色彩对人的生理和心理具有一定的影响。如在炎热的夏季，我们把室内墙面刷成红色，就非常容易引起不适，出现冒汗、烦躁的情况。另外我们常在颜色艳丽的

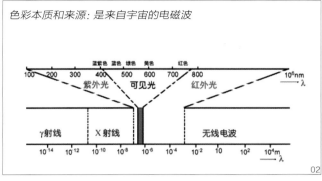

色彩本质和来源：是来自宇宙的电磁波

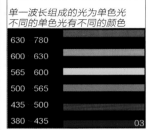

单一波长组成的光为单色光
不同的单色光有不同的颜色

630	780
600	630
565	600
500	565
435	500
380	435

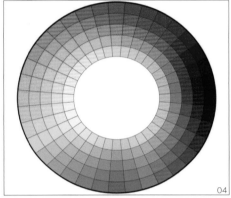

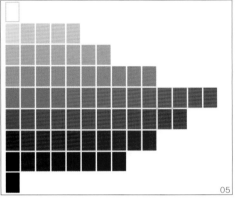

02．光的物理学示意图
03．光谱示意图
04．24色环
05．色彩明度和纯度变化示意图
06．冷色调色彩静物　作者：易璐
07．暖色调色彩静物　作者：易璐

环境下工作也会对眼睛产生刺激，造成视觉疲劳。

（1）色彩的心理影响：色彩能够给人情绪上的感受和一定的联想和象征意义。了解好色彩对人的心理影响有助于今后在室内设计上合理恰当地使用色彩，让色彩更好地表达自己的设计想法和要求。接下来我们主要从色调和色相上进行对比和认识，看看不同色彩对人的心理效应。

（2）色相对人的心理效应：① 红色是所有色彩中视觉感和生命力最强的颜色，它给人热情、激情、革命等心理效应；② 紫色是青红色的混合，是一种冷红色，它精致富丽，高贵迷人，给人心理及联想有神秘、严肃、高贵、庄严、不安；③

黄色在色相环上是明度级最高的色彩，它光芒四射，轻盈明快，生机勃勃，具有温暖、愉悦、提神的效果，常象征积极向上、进步、文明、光明；④ 绿色是大自然的活力色、生机昂然，是清新宁静的生命力量和自然力量的象征，从心理效应上看，绿色令人平静、松弛而想休息。

（3）色调对人的心理效应：① 常见冷色调有青、蓝、绿、紫；常给人一种冷静、孤僻、理智、高雅的感觉。② 常见的暖色调有红、橙、黄；就常给人一种温暖、兴奋、感情强烈的感觉（见图06、图07）。

08 . 居住空间设计同色搭配　　09 . 居住空间设计类似色搭配

四、色彩在居住空间中的运用

色彩学是设计的基础，在居住空间设计中，色彩的搭配至关重要。室内居住空间内色彩的变化和统一、对比与调和，始终是设计师们处理的重点，同时也是室内色彩设计中应遵循的重要法则。在居住空间环境中各色彩要作用于空间，如何恰到好处地处理色彩和色彩之间的关系，便可以创造良好而又美观的室内空间气氛。

在色彩的对比和调和上，我们在处理室内环境中常用到：① 相同色调搭配处理，这种处理手法是比较妥当、保守的方法，常可以营造一个和谐稳固、色彩舒适的环境；② 类似或接近色的搭配处理，这种处理手法给人既和谐，又有明快生动的层次效果，能更好地体现空间的深度和变化；③ 对比色的搭配处理，它是最显眼、具有视觉冲击力，同时比较不易处理的色彩手法，如果在室内环境中正确地运用了这种处理方法，会产生意想不到的效果（见图08~图10）。

在居住空间的色彩设计从空间的块面及构成元素上，我们常按照以下方法处理：① 整个居住空间的的背景色的处理，也就是基本色调；背景色在整个空间中所占的比重较大，包含了墙面、地面、天花等。对整体设计和家居家具、陈设品、家纺用品有重要的衬托作用，不同的家具和陈设品在不同的空间背景下，对房间的特质和主人的情感均有一定的影响效果。② 家具的色彩，家具虽不能左右居住空间的色调，但是家用的柜子、桌椅、沙发等等却构成了室内的主体，满

10 . 居住空间设计类似色搭配　　　11 . 居住空间设计色彩搭配

足了使用要求。家具的款式及色彩与背景色息息相关，用的好可以为整个空间增添细节和氛围，用的不好也会破坏背景色，与整体格调相冲突。③ 陈设品色彩，在室内设计中相当于点、线、面构成中的"点"，具有举足轻重的作用。其色彩、材质、造型处理得当，能为居住空间设计起到画龙点睛的妙处，成为空间设计中的目光焦点，使整个空间满足大的色彩关系的同时，细腻、充满细节，耐人寻味。处理不当，便会造成空间的凌乱无章，缺少细节的表现。香港设计师梁志天先生就是在陈设品设计上比较成功的设计师，他设计的住宅作品，往往能通过陈设品的色彩、造型、质感为空间增添格调和品位，又不失细腻的效果。④ 家纺用品的色彩，家纺用品包括了窗帘、床罩、床和沙发的靠垫、帷幔等。这类用品的种类和图形图案繁多，色彩五光十色，能为室内效果锦上添花，运用得当往往给居住气氛增加微妙而丰富的感觉（见图11）。

12 . 卫生间对比色搭配

13 . 精美的家居陈设艺术品

12

13

04
照明设计

随着人们生活水平的提高，人们对居住环境的需求也越来越高，如何通过运用照明实现设计的理念、风格以及差异化并达到整体的艺术效果，来满足不同客户群体的需求，是每个设计师人需要考虑的因素。如今照明环境设计已成为设计师工作的重要内容之一。早期的居住空间的灯光配比数量、光的色温、照度等等均靠经验丰富的设计师按照习惯进行布置，而且灯光设计形成比较简单，缺少变化。如今居住空间环境的灯光设计不再是用一盏灯来满足人们对光照的基本需求，而把照明作为环境设计的一个组成部分。设计师在进行创意设计时从整体构想出发，更多地思考如何运用"光"与环境所构成的整体艺术风格，创造舒适的视觉光环境。所以现代设计中，"光"的设计也不再以满足简单照明技术为主，如何更多地思考文化艺术的内涵，创造出更有品味和有益于身心健康的光环境是照明设计的意义所在。

一、照明设计的基本概念

照明设计，即灯光设计，主要是研究人造光源和自然光源的物理属性及它们对人们生活、工作的作用和影响。要想对照明设计知识有一定的掌握，我们必须先了解它的基础专业术语及概念。

（1）光色：灯光的颜色，实际上就是色温，大致分三类：暖色<3300K、中间色3300~5300K、日光色>5300K。由于光线中光谱的组成有差别，因此即使光色相同，光的显色性也可能不同。

（2）显色性：原则上，人造光线应与自然光相同，是肉眼能正确辨别事物的颜色。当然，这要根据照明的位置和作用而定。光源对于物体颜色呈现的程度为显色性，通常叫做"显色指数"（Ra）。

（3）灯具效率：灯具效率（也叫光输出系数），是衡量灯具利用能量效率的重要标准，它是灯具输出的光通量与灯具内光源输出的光通量之间的比例。

（4）光源效率：也就是每一瓦电力所发出的量，其数值越高表示光源的效率愈高。所以对于使用时间较长之场所，如办公室、走廊、道路、隧道等，效率通常是一个重要的考虑因素。

（5）亮度：光源在某一方向上的单位投影面在单位立体角中反射光的数量，称为光源在某一方向的光亮度。

（6）眩光：视野内有亮度极高的物体或强烈的亮度对比，则可以造成视觉观赏不舒适，称为眩光。眩光可以分为失能眩光和不舒适眩光。眩光是影响照明质量的重要因素。

（7）功率因数：电路中有用功率与视在功率（电压与电流的乘积）的比值。

（8）平均寿命：也就是额定寿命，是指50%的灯失效时的寿命。

（9）光束角：垂直于光束中心线之一平面上，光强度等于50%最大光强度的二个方向之间的夹角。

二、照明设计的基本原则

一名有经验的室内设计师，在对待不同的居住场合会根据实际的需要和所要表达的效果，本着"量身设计、光尽其责"的设计基本原则。

（1）发光：从光源的角度出发，充分考虑色温、显色性、功率、光效等要素。

（2）送光：从设计的角度，将合适的灯具合理地安排在合适的位置上，以达到光尽其责的目的。

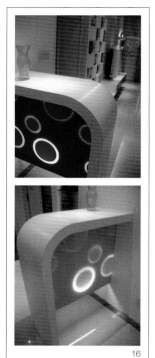

14.直接照明　垂吊的艺术灯对整个客厅直接照明　作者：邱斌

15.间接照明　灯带对整个空间产生间接照明　作者：邱斌

16.漫射照明　在设计吧台时本人采用了漫射照明，从而达到舒适浪漫的效果　作者：欧阳可文　易略

（3）控光：从灯具的角度出发，充分考虑灯具的防眩光、反光罩的材质、光束角、反光效果、表面处理等因素，并提供灵活的控制方式，使照明按照指定区域，特定时间调节光环境，以适应环境的空间、时间上的变化。

（4）灯光的冷暖结合：根据不同的设计风格，选择合适色温的光源，准确把握冷色调与暖色调的搭配，使整个照明环境与家居装饰相得益彰。

（5）节能低碳：用最少的灯达到最好的效果。

室内照明布局形式分为三种，即基础照明、重点照明和装饰照明。照明方式一般可以分为五种方式：

① 直接照明

光线通过灯具射出，其中90%~100%的光通量到达假定的工作面上，这种照明方式为直接照明。这种照明方式具有强烈的明暗对比，并能造成有趣生动的光影效果，可突出工作面在整个环境中的主导地位，但是由于亮度较高，应防止眩光的产生（见图14）。

② 半直接照明

半直接照明方式是半透明材料制成的灯罩罩住光源上部，60%~90%以上的光线使之集中射向工作面，10%~40%被

罩光线又经半透明灯罩扩散而向上漫射，其光线比较柔和。这种灯具常用于较低层高的房间的一般照明。由于漫反射光线能照亮平顶，使房间顶部高度增加，因而能产生较高的空间感。

③ 间接照明

间接照明方式是将光源遮蔽而产生的间接光的照明方式，其中90%~100%的光通量通过天棚或墙面反射作用于工作面，10%以下的光线则直接照射工作面。通常有两种处理方法，一是将不透明的灯罩装在灯泡的下部，光线射向平顶或其他物体上反射成间接光线；二是把灯泡设在灯槽内，光线从平顶反射到室内成间接光线。这种照明方式单独使用时，需注意不透明灯罩下部的浓重阴影。通常和其他照明方式配合使用（见图15）。

④ 半间接照明

半间接照明方式，恰和半直接照明相反，是把半透明的灯罩装在光源下部，60%以上的光线射向平顶，形成间接光源，10%~40%部分光线经灯罩向下扩散。

⑤ 漫反射照明

漫反射照明方式是利用灯具的折射功能来控制眩光，将光线

17. 客厅照明　灯光以暖色调为主，气氛温馨　作者：邱斌
18. 客厅照明　客厅采用多种照明方式结合，使整个场景层次更丰富　作者：易璐　欧阳可文

向四周扩散漫散。这种照明大体上有两种形式，一种是光线从灯罩上口射出经平顶反射，两侧灯光从半透明灯罩扩散，下部从格栅扩散。另一种是用半透明灯罩把光线全部封闭而产生漫射。这类照明光线性能柔和，视觉舒适，适于卧室（见图16）。

三、照明的艺术效果

居室里光有吊灯自然是不够的，还要有全面的照明方面的考虑。如：设置主光源、装饰照明、落地灯等，以满足不同功能的需要。我们从居住空间不同的功能区来分析照明的艺术效果：

19.主卧照明　　20.书房照明　　21.过道照明　　22.餐厅照明

（1）客厅：一般而言，客厅的照明配置一般是运用主照明和辅助照明的灯光交互搭配，来营造空间的氛围，空间照明的整体色温可以多样化，以满足各种装饰营造的不同氛围。普通环境照明部分采用低照度 200Lx 左右，重点照明区域照度 300Lx 以上。

主照明提供客厅空间大面积的光线，通常担任此任务的是光源来自上方的吊灯或吸顶灯，依居住者喜好的风格可以有不同的搭配，如气派豪华的雪花石吊灯、水晶灯、手工玻璃灯等。

在辅助照明方面，泛指壁灯、台灯、立灯等这类尺寸较小的灯具，作为辅助照明，加强光线层次感（见图17、图18）。

（2）主卧：卧室是居家中重要组成部分，在这里追求的是一种气氛，营造一种宁静休闲的氛围，同时用局部明亮的灯光来满足阅读和其他活动的需求。空间照明整体色温控制在

3000K 左右，平均照度控制在 100Lx 左右，局部重点照度控制在 200Lx 以上（见图 19）。

（3）书房：书房采光可以采用直接照明或者半直接照明的方式，光线最好从左肩上端照射。一般可以在书桌前方放置亮度较高又不刺眼的台灯。书房的照明设计需要营造一种柔和的氛围，避免极强烈的对比和干扰性眩光，同时也需要局部照明来满足阅读、书写和电脑工作，周边环境也要有一定量的环境照明。有时也需要考虑给奖品和照片等有纪念意义的物品一些重点照明。可调整的一套台灯能给予桌面和电脑键盘区域额外的照明。灯光的目标不能直接照射屏幕，避免反射眩光。空间照明整体色温控制在 3000K 左右，平均照度控制在 200Lx 左右，局部重点照度控制在 300Lx 以上（见图20）。

（4）玄关：玄关是一个缓冲过渡的空间，可以说，玄关设计

格栅射灯　嵌入式安装

格栅金卤灯　嵌入式安装

金卤灯　明装

艺术吸顶灯　明装

艺术吸顶灯

23

23 . 室内常用照明灯具

是家居设计的开端。平时，玄关也是接收邮件、简单会客、方便客人脱衣换鞋挂帽的场所。玄关的照明设计也相当重要，好的照明设计可以把阴暗的玄关变成一个受人欢迎的区域，如设计一些有光感的灯，即使在夜晚，进门后就能显现出玄关的魅力。但没有明显的玄关的住宅，就不宜采用光感延时的灯，否则会误亮耗电和协调。空间照明整体色温控制在 3000K 左右，建议平均照度控制在 150Lx 左右，重点照度控制在 300Lx 以上。

（5）过道：通道内的照明应安置在房间的出入口、壁橱，特别是楼梯起步和方向性位置。设置吊灯时要使照明下端距地面 1.9 米以上。楼梯照明要明亮，避免危险。通道照明的设计理念以引导性和安全性为主。灯具适当的照度和色温不仅使人获得安全感，同时营造出温馨亲切的氛围。适当地采用艺术吊灯，体现了高雅、辉煌的感觉。搭配灯槽和射灯作为点缀照明，让人一种安逸、温馨有空间感；为了使通道空间生动，通常会在墙面安装装饰画或摆放工艺品，采用天花灯

作为重点照明，起着强调视线的作用（见图21）。

（6）洗手间：卫生间需要明亮柔和的光线，因卫生间内照明器开关频繁，所以选用卤钨灯作光源较适宜。卫生间的灯具位置应避免安装在便器或浴缸的上面及其背后。在浴室里，我们所需要的是柔和、无阴影的照明，这样我们才能完成刮胡子、理发、化妆、洗澡等活动。浴室有大有小，在面积小的浴室里，一个镜前灯就能通过镜面的反射就能照明整个空间；同时，面积大的浴室，需要靠另外一盏天花灯具来提供一般照明。配有洗面镜的墙面要求左右两边对称的灯光进行照明，灯位可以设在镜子的上前方，这样我们的面庞才受光均匀，空间照明整体色温控制在 3000K 左右，建议平均照度控制在 200Lx 左右。

（7）厨房：厨房的灯具应选用易于清洁的类型，并配以防潮灯罩。厨房是个主要的工作区域，空间照明整体色温控制在 4300K 左右。建议水平面平均照度控制在 200Lx 左右，重点工作区域照度达到 300Lx。在这里的照明除了要考虑到舒

适的同时更重要的是有功能性，在厨房天花顶安装一带罩吸顶灯用作整个空间的环境照明，在洗涤处和炉罩那块，分别采用一套单独的嵌入式天花灯提供充足的工作照明。

（8）餐厅：餐厅局部照明要采用悬挂式灯具，以突出餐桌的效果为目的，同时还要设置一般照明，使整个房间有一定程度的明亮度，显示出清洁感。在餐厅，往往装饰灯具及其灯光是焦点，一般我们将它安装在餐桌正上方，做为一个装饰性组件，它提升了整体装修的美感。根据需求进行调光时，它能产生各种效果来影响我们就餐的心情。空间照明整体色温控制在 3000K 左右，环境照明部分采用低照度 150Lx 左右，餐桌重点照度 300Lx 以上，强调出餐厅独有的情调。它不仅能够提供桌面的任务照明和桌子中心的重点照明，还能让食物及器具在优质灯光照射下增强人们的食欲（见图22）。

四、照明设计的技术手法

在居住空间中，良好的照明设计可以使空间层次更丰富，光源良好的显色性能够清晰展示室内的色泽与质感，创造更轻松、更舒适的生活环境，更符合环保节能要求。

照明设计技术面主要涵盖了电气施工和照度计算两块。电气施工主要是解决灯光设计后如何变成现实，实现设计效果。照度计算有粗略地计算和精确地计算两种。粗计算一般指的是通过计算公式进行计算，一般会有20%~30%的误差，但有时我们由于情况特殊或场地条件所限，可以用下列公式进行灯光照度的大概计算。

平均照度(Eav)= 单个灯具光通量Φ×灯具数量(N)×空间利用系数(CU)×维护系数(K)÷地板面积(长×宽)

公式说明：① 单个灯具光通量Φ，指的是灯具内所含光源的裸光源总光通量值。② 空间利用系数(CU)，是指从照明灯具放射出来的光束有百分之多少到达地板和作业台面。③ 是指伴随着照明灯具的老化，灯具光的输出能力降低和光源的使用时间的增加，光源发生光衰；或由于房间灰尘的积累，致使空间反射效率降低，致使照度降低而乘上的系数。一般较清洁的场所，如客厅、卧室、办公室、教室、阅读室、医院、高级品牌专卖店、艺术馆、博物馆等维护系数K取0.8；而一般性的商店、超市、营业厅、影剧院、机械加工车间、车站等场所维护系数K取0.7；而污染指数较大的场所维护系数K则可取到0.6左右。

精计算就得通过专业的软件进行分析和得到数据，一般现在我们常用的有Dialux照明设计软件。

参考灯型（见图23）：

位　置	种　类	光　源
厨房	厨卫灯	荧光类
餐厅	筒灯、射灯、餐吊灯	荧光类、卤钨类、LED
客厅	主灯、筒灯、射灯、灯带、壁灯	荧光类、LED、卤钨类
洗手间	厨卫灯、防雾射灯、镜前灯	荧光类、LED、卤钨类
过道	筒灯、射灯	荧光类、LED、卤钨类
玄关	壁灯、灯带、小花灯、射灯、筒灯、吸顶灯	荧光类、LED、卤钨类
阳台	吸顶灯、壁灯	荧光类、LED、卤钨类
主卧	主灯、灯带、壁灯、踢脚灯、台灯	荧光类、LED、卤钨类
客房	主灯、灯带、壁灯、踢脚灯、台灯	荧光类、LED、卤钨类
书房	吊灯、灯带、壁灯、台灯、筒灯	荧光类、LED、卤钨
儿童房	主灯、吸顶灯、灯带、壁灯、踢脚灯、台灯	荧光类、LED、卤钨
老人房	主灯、灯带、壁灯、踢脚灯、台灯	荧光类、LED、卤钨类
棋牌室	吊灯、灯带、壁灯、台灯、筒灯	荧光类、LED、卤钨
围墙	墙壁灯、投光灯	荧光类、金卤类、LED
庭院	庭院灯	
音像室	筒灯、射灯、花灯、灯带	荧光类、LED、卤钨
私人车库	吸顶灯、T8支架、应急灯	荧光类、LED
地下储藏室	吸顶灯、T8支架	荧光类、LED
活动室	筒灯、T5支架、射灯	荧光类、LED、卤钨
私人酒吧会所	射灯、餐吊灯、灯带	荧光类、LED、卤钨类

05
家具设计

一、明清家具

明清是家具设计的辉煌时期，由于生产力发展，宫殿、民居等建筑大量兴建，对家具的需求快速增加。当时木工工艺技术提升到了很高的高度，出现了如《鲁班经》《三才图绘》等相关工程技术理论著作，实践和理论的结合推动了明清家具的设计和发展，使家具设计制作达到了前所未有的高度。

（一）传统家具的发展简介

人类脱离洞穴生活后，发明创造了居住建筑。家具也随之成为人们生活不可缺少的一部分。"席地而坐，室内以床为主，地面多铺草席，再后来出现屏、几、案等家具，南北朝以前的床既是卧具也是坐具，在此基础上又衍生出榻等。"由于受到北方少数民族家具的影响，南北朝时期高形家具开始出现，人们开始垂足而坐。到了唐代居室内的家具进入了高低并置的时期，高椅、高凳等已广为民众使用（见图24），但民众们仍然保留了传统习惯的席地而坐。宋辽时期这种局面开始发生变化，各种配合高坐的家具也应运而生，高案、高桌、高几也相应出现，人们开始真正习惯了高坐家具（见图25、图26），垂足高坐已经成为日常生活中的固定姿势。家具设计、选料和制作上越发精美，高档家具体系应运而生，并服务于宫廷贵族。宋辽家具的风格呈现为挺拔、秀丽的特点。家具装饰上朴素大气没有大面积的雕镂装饰。宋辽这种家具风一直影响了中国后世家具设计，并真正奠基了之后的家具的风格和发展方向。元朝以来，经济和政治上沿袭了宋制，在家具制作设计上亦秉承宋制，在大的方面没有发生过多的变化。元在家具制作中有意识的强调了使用功能，最早出现了抽屉桌。抽屉桌的发明更大程度加强了家

具的使用效果。可以说从宋辽开始，家具的款式和垂足高坐的习惯改变了中国百姓的生活，并为后世留下了大量精美实用的家具。明清就是家具发展的黄金时代，明清家具达到了封建时期家具艺术上的极致，成为中华民族值得骄傲并珍视的国之瑰宝。

（二）明式家具特点

明式家具一般指的是在宋元家具传统样式基础上逐渐发展起来的，具体时间处于明代及清代前期。明家具多以优质硬木为主要材料，常见硬木有紫檀木、铁力木、黄花梨木、乌木、鸡翅木等（见图27）。这时期的家具以精致但不花俏、质朴而不粗俗、厚实却不沉滞见长，它特有的美学个性和艺术形式也鲜明地体现在纹饰图案上，在家具木雕纹饰上多采用竹菊、楼阁、传统吉祥图案等题材，题材大都比较雅逸，颇有文儒高士之意趣，更是增加了明式家具的高雅气质。在雕刻形式上有浮雕、透雕、圆雕（见图28）。具体有如下特点：讲究功能，注重对人体尺寸和人体活动规律研究；造型优美，简练，以线条为主，比例美观，刚柔相济，庄重典雅，繁简合理；结构严谨，多采用榫卯结构，技术纯熟，做工精细；选材讲究，木材坚硬、纹理优美（见图29、图30、图31）。

（三）清式家具特点

清式家具一般是在明式家具基础上继续发展的，主要出现在清代中后期（乾隆晚期以后）。清式家具在明代家具基础上出现了雕漆、填漆、描金制作工艺。家具的雕刻开始大量增多，并常在家具上镶嵌玉石、陶瓷等等，使家具外观华丽而繁琐。由于西洋人在国内经商，雍正以后，模仿西洋纹样的风气大盛，特别是清代广式家具，出现了中西结合式家具纹

24．五代宋初 四出头扶手椅　　25．北宋 宋太祖坐像图　　26．听琴图局部　　27．黄花梨木料　　28．浮雕同透雕结合　　29．明 花梨四出头官帽椅
30．明 黄花梨方背椅　　31．明 黄花梨十字连方罗汉床　　32．清 黑漆描金龙凤纹绣墩　　33．清 紫檀荷花纹床

样。在家具功能创新上没有过多的进步，甚至停滞不前，在制作工艺技术上在乾隆后期达到了顶峰。以多而求胜，物极必反，过多的奢华达到极致后，清家具渐渐走向了衰败。

清式家具的特点如下：追求体量，厚重有余，俊秀不足，有一种沉重感；注重装饰，滥施雕刻，杂用镶嵌，争奇斗巧，常忽略造型的进步；模仿西方家具款式纹样，丧失了中国特有的传统家具艺术特点（见图32、图33）。

二、家具设计概述

家具在人们生活中是不可缺少的，它是人们创造的物质文明之一。家具经过几千年发展，早已经摆脱了简单的物品功能，它不光能够满足人们对生活的需求，还体现生活的本质和意义等方面的精神情感，能满足人们的审美和心理需要。一套完整的家具是材料、工艺、设备、五金等原料和技术的综合体现，是具有很强艺术性的。

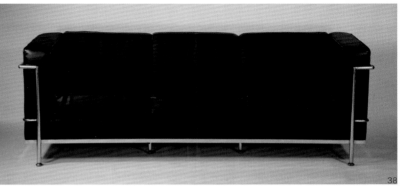

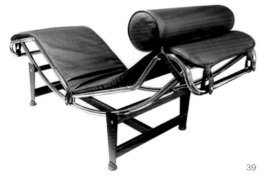

34.LC7椅　　35.巴塞罗那椅　　36.布尔诺椅
37.蛋壳椅子　　38.柯布西耶沙发　　39.柯布西耶躺椅子

家具设计与建筑和室内设计具有密不可分的关系，也同时也涉及材料学、文化观念、科学技术等等学科。

家具设计的内容主要涵盖了形态、色彩、肌理、选材、合理结构等设计要素。在艺术设计过程中围绕比例、尺寸的和谐进行。在技术设计中主要以结构尺寸的合理性为重心。在家具的内容和形式上，现代家具设计、材料运用上在欧洲上世纪中上叶达到了鼎盛，给我们后人留下了许多经典。也可以说包豪斯开创了这个时代。见本页欧式家具图。

（1）艺术性设计主要内容：

造型：形态、体量、比例、尺度

肌理：质感、触感、纹理

色彩：整体色调、局部色调、着色方式

（2）技术设计主要内容：

功能：基本功能和辅助功能

尺寸：总体尺寸、局部尺寸

材料：品种规格、耐久性、加工工艺性能

三、家具设计基本原则

家具设计的本质是服务于人们的生活，满足人们的生活需要，同时它也要符合和遵循市场规律，因此设计师在设计过程中必须注意以下原则：

40.DAR扶手餐椅　查尔斯

（1）实用性原则：设计好的家具必须能有很好的实用性，符合人的形态特征，适合人的生理条件。

（2）艺术性原则：家具设计必须要具备美感，符合大众的审美和形式美的一般规律，例如：变化统一、对称均衡等形式法则。

（3）工艺性原则：一个精美的家具往往和精湛的工艺密不可分，一个好的工艺是建立在新材料、新结构、改良工艺，运用新设备的基础上的。

（4）商品性原则：必须做市场的调研，做符合当下潮流的家具。

（5）经济性原则：做好家具定位，针对目标消费群，将家具产品的性价比做到最大化，正所谓高质量、低消耗。

四、家具设计的基本程序

家具设计的流程主要包括：设计准备阶段、设计构思阶段确定方案（初步设计阶段）、工艺制作图绘制（深入设计阶段）、样品制作阶段、评估阶段（成本核算）、产品试销阶段、完成设计、设计后续阶段（编写产品说明书）

（1）设计准备阶段：

主要是进行同类产品的市场调查，调查内容主要有：消费者喜好、市场环境、相关产品现状情况、市场预测性等等。取得最直接的第一手资料，作为今后设计的参考依据是这步的关键。

（2）设计构思阶段确定方案（初步设计阶段）：

立足新颖性、创造新和实用性，在市场调研的基础上对相关信息进行梳理、归纳、分类、分析处理，针对市场进行大的构思并做多种草图方案、效果图方案，进行意见征求。

（3）工艺制作绘制（深入设计阶段）：

工艺制作图绘制主要是将初步设计并确定的草图和效果图进行详化设计，对家具的结构装配图、部件图和大样图等进行正式规范的绘制。

（4）样品制作阶段：

根据已经绘制好的家具设计图纸进行加工，对加工中遇到的问题进行统计和解决，进一步验证设计的可行性，同时这个时候发现设计上存在问题可以进行局部的修改，并继续完成施工图的修改和完善。

（5）评估阶段（成本核算）：

对产品再次进行市场的风险评估，同时对生产成本进行计算，主要有固定费用（工人工资、管理费用、原材料费用、五金材料费用等）；经济分析（新产品生产所增加的投入费用、产品投入生产后，新生产线增加的废品率、次品率等方面的损失）。

（6）产品试销阶段：

市场是检验产品质量的试金石，无论产品销售情况怎样，我们都要记得收集市场信息的反馈，并进行分析和总结，对下一步批量生产做好充分准备。

（7）完成设计：

经过上述过程我们就完成了设计，设计好的家具产品就可以进行大规模工厂化生产了。

（8）设计后续阶段（编写产品说明书）：

这个阶段主要对家具产品的功能和使用方法进行编写，以便使消费者对产品有更新的认识，从而促进销售。

06
材料与工艺

一、常用装饰材料与分类

装饰材料是用于建筑内部空间或者建筑物表面并对空间及建筑内外表皮起到一定的美化作用的材料。现在社会物质高度发达，装饰材料的品种繁多，设计师就必须对材料要有一定的了解，特别是常用的装饰材料。装饰材料使用的好与坏直接影响空间设计的装饰效果和质量、整体设计的成本控制，同时还影响材料的施工技术和耐久性。我们常用的装饰材料大致可以分为：吊顶材料、墙面材料、地面材料、五金材料、门窗材料、胶黏材料、油漆材料和水电材料等八大类别。

（一）吊顶材料

吊顶是现代居住空间天花板设计常见的装饰手法。吊顶既具有美化空间的作用，同时也是区分室内空间一种方法，吊顶材料可以分为面板和结构龙骨。吊顶面板分为普通石膏板和防水防潮类面板；龙骨分为金属龙骨与木龙骨等等（见图38、图39）。

普通石膏板表面贴牛皮纸，目前市场普通石膏板的常用规格有 1220mm×2440mm，厚度一般为9~12mm。其特点是价格便宜，但遇潮容易软化或分解。常用于大面积防水要求不高的室内空间，这样的材料同时也可以做轻钢龙骨隔墙的面板。

硅钙板属于矿物质板，在外观上保留了石膏板的美观；重量方面大大低于石膏板，强度方面远高于石膏板；彻底改变了石膏板因受潮而变形的致命弱点，数倍地延长了材料的使用寿命；在消声息音及保温隔热等功能方面，也比石膏板有所提高。硅钙板一般规格600mm×600mm，主要用于公共空间场所的吊顶。

铝扣板使用全金属材料打造，主要用于厨房和卫生间的吊顶工程。按照表面处理工艺分为：喷涂铝扣板和覆膜铝扣板两大类，铝扣板的规格有条形和钜形，品种较多，目前常用的条形规格有5cm、10cm、15cm和20cm等几种；钜形的常见规格有300mm×300mm，600mm×600mm，厚度有0.4mm、0.6mm、0.8mm等多种，越厚的铝扣板越平整，质量也越好。

铝塑板作为一种新型装饰材料，分为单面和双面，由表面铝层和中间塑层组成，可选花色品种多样性、装饰效果好、施工便捷、防火性能出色，迅速受到人们的喜爱。常见规格为1220mm×2440mm，是用于室内吊顶、内外墙面的上好材料。

PVC吊顶型材以PVC塑料为原料，经加工成为企口板式形状，具有重量轻、安装简便、防水、防潮的特点，它表面的花色图案变化也非常多，并且耐污染、易清洗，且成本低、装饰效果较好，因此常用于卫生间、厨房、等吊顶部位。缺点是较易老化，易黄变。

我们在装饰材料中常见的金属龙骨主要分两大块，一类是较常用的普通轻钢龙骨，例如：T型、V型、U型轻钢龙骨；还有强度比较大的型材，像角钢、槽钢、工字钢等，也可以用于有特殊要求吊顶的龙骨。

（二）墙面材料

墙面设计在居住空间设计中占有比重较大，属于不可缺少的界面设计，在材料运用中主要有面层材料和基础层材料。面层材料有乳胶漆、壁纸壁布、瓷砖、石材、饰面板等；基础层材料有界面剂、石膏粉、大白粉、纤维素、木龙骨和细木工板等（见图43）。

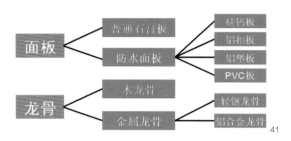

41

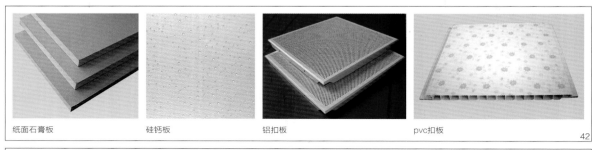

纸面石膏板　　　　　硅钙板　　　　　铝扣板　　　　　pvc扣板

42

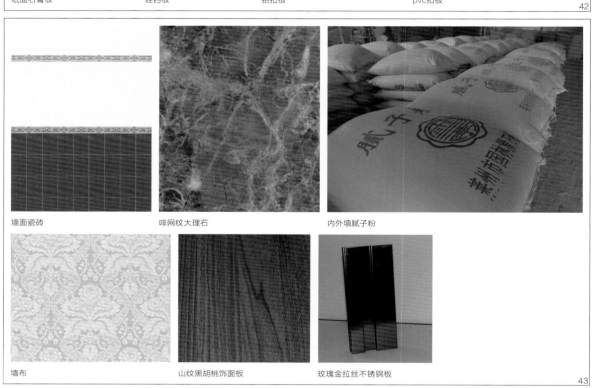

墙面瓷砖　　　　　　　　啡网纹大理石　　　　　　　内外墙腻子粉

墙布　　　　　　　　　山纹黑胡桃饰面板　　　　玫瑰金拉丝不锈钢板

43

乳胶漆是乳涂料的俗称，有无光、哑光、半光、丝光、有光乳胶漆等；　界面剂是一种水基界面剂，在家庭装修中，能很好地防止大白粉干裂、空鼓、脱落等弊病；另外在家装墙面施工中，在腻子粉中加一定量的纤维素，能使大白粉更具柔性，增加了大白粉与墙壁面的附着力，使大白粉的黏性增加；石膏粉主要用于吊顶石膏板之间的嵌缝；大白粉又称腻子粉，是家庭装修中对墙面装饰的常用材料。

在面层材料中墙面瓷砖市场上的厚度为一般为5~6mm，平面尺寸为108mm²、152mm²的方形砖及152mm×76mm、152mm×50mm的矩形面砖，品种上选择较多，包括釉面砖、有光彩色面砖、无光彩色面砖以及多种彩釉混合的花釉砖、结晶釉面砖、斑釉砖、大理石釉砖、白底图案砖、色底图案砖等；壁纸壁布是目前生产最多，销售得很好的一种墙面装饰材料，规格上一般长10m，宽0.52m，面积约为

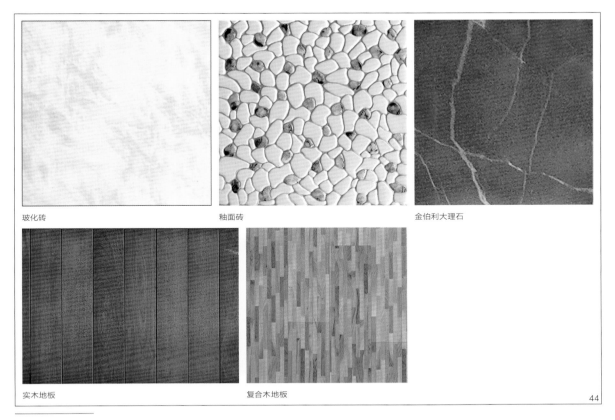

玻化砖　　　釉面砖　　　金伯利大理石

实木地板　　　复合木地板

44

44.常见地面材料

5.2m²一卷的包装；饰面板也就是表面帖上一层木皮的三合板，其种类有很多，不同木材不同花色都有。

（三）地面材料

说到地面材料，这是大家最为熟悉的材料，几乎不管从事何种职业的人都能说上几种，作为一名设计师需要对它深入了解，居住空间设计中地面常规材料并不复杂，主要有实木地板、强化复合木地板、竹木地板、石材、地砖、地胶、地毯等等（见图44）。

实木地板是木材经烘干，加工后形成的地面装饰材料，它具有花纹自然环保，脚感舒适的特点，目前市场上销售较快的有香脂木豆、重蚁木、印茄、柚木、木荚豆、甘巴豆等，规格厚度一般为18mm，宽长有90mm×900mm、125mm×900mm等；强化复合地板属于复合材料，外表接近实木地板，以耐磨、美观、环保、防潮、阻燃、防蛀、安装便捷、易清洁护理、经济实用等诸多优点而获得许多消费者的喜爱；竹地板分多层胶合竹地板和单层侧拼竹地板。竹木地板外观自然清新，文理细腻流畅，防潮、防湿、防蚀，韧性强、有弹性、表面坚硬且冬暖夏凉，常用规格有

900mm×90mm×18mm，在施工方法上，和实木地板相似；地胶和地毯都属于地面卷材类，地胶又称橡胶地面，主要是以天然橡胶为主要原料，加入适量的填充料加工而成的地面覆盖材料，它具有很好的弹性、保温性、耐磨性、绝缘性等。

地砖和石材属于地面块材，地砖是以陶土为主要原料，经过半干压成型，再在1100摄氏度左右的火中焙烧而成。一般分为有釉和无釉两种。釉面砖是装修中最常见的砖种，由于色彩图案丰富，而且防污能力强，因此被广泛使用于墙面和地面装修。吸水率较高，一般强度相对较高，主要特征是背面为灰白色。不上釉的砖有玻化砖和抛光砖，抛光砖就是通体砖坯体的表面经过打磨而成的一种光亮砖，属于通体砖的一种。玻化砖其实就是全瓷砖。其表面光洁但又不需要抛光，所以不存在抛光气孔的问题。玻化砖是一种强化的抛光砖，它采用高温烧制而成，质地比抛光砖更硬更耐磨。毫无疑问，它的价格也同样更高。

地砖种类和尺寸规格繁多，常见尺寸有：600mm×600mm、800mm×800mm、1200mm×1200mm等；大理石、花岗岩、石灰岩是从岩体里开采出来的，经加工成块材，再经

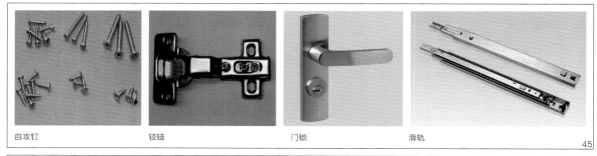

自攻钉　　　　　铰链　　　　　门锁　　　　　滑轨

45

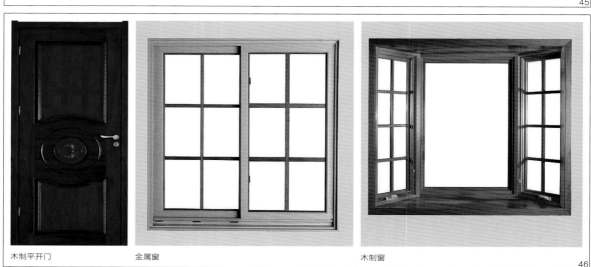

木制平开门　　　金属窗　　　　　　　　木制窗

46

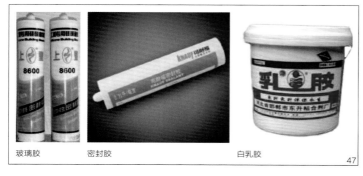

玻璃胶　　　密封胶　　　　白乳胶

47

45.五金配件
46.门窗材料及款式
47.胶黏材料

过粗磨、细磨、抛光、打蜡等工序，就加工成我们常用的高级地面材料了，石材一般规格尺寸有：600mm×600mm、800mm×800mm、1200mm×1200mm等。

（四）五金构件

五金件是现代居室设计中重要的辅助材料（见图45），五金分为连接性五金、功能性五金、装饰性五金。连接性五金主要用于板材或物体之间的连接，如铁钉、镙纹铁钉、自攻钉、汽枪钉、码钉、折页、铰链、连接件等；功能性五金指带有一定功能作用的五金，如门锁、滑轨、滑道、滑轮、拉手、法兰等；装饰性五金是指带有一定装饰效果的五金件，

如玻璃扣等。

（五）门窗材料

门有着水平交通与疏散、采光通风、围护分隔、装饰等作用；窗户同样兼顾了采光、通风、装饰的作用。门窗安照启闭方式可以分为：平开式、推拉式、旋转式、等等；按照材料又分为：木制、钢制、铝合金、塑料、复合材料等等（见图46）。

（六）胶粘材料

在进行装修施工过程中胶黏材料不可缺少，常见胶黏类材料

各种水管弯头   PPR管

48

铜芯线   PVC线管

有线插座   五孔插座

49

48 . 常用水暖材料

49 . 常用电线及材料

50   50 . 木格栅吊顶结构示意图

的有如下几种（见图47）：

1. 白乳胶：主要适用于木龙骨基架、木制基层以及成品木制面层板的黏结，凝固时间较长，黏结强度适中，基本不膨胀和收缩，黏结寿命较长，溶解于水；阻燃。

2. 石材胶黏剂：常用的有大理石胶，主要适用于各种大理石的对接、修补和成品板材的安装。大理石胶凝固快；黏结强度高、寿命长；无膨胀和收缩，受撞击易碎；阻燃。

3. 壁纸胶：专用于墙体黏贴壁纸、壁布等。壁纸胶凝固较快；黏结强度适中；阻燃；溶于水。

4. 玻璃胶：适用于装饰工程中造型玻璃的黏结、固定，也具备一定的密封作用。凝固较慢；黏结强度高、寿命长；膨胀较大，有极高弹性；阻燃；凝固后防水。

5. 防水密封胶：适用于门窗、阳台窗的防水密封。凝固较慢；黏结强度高，寿命长；有膨胀性，较有弹性；阻燃。

6. PVC专用胶：适用于黏结PVC管及管件。PVC专用，凝固快；黏结力强、寿命长；膨胀大，无弹性；防水性能好；易燃；有微毒。

7. 电工专用胶：适用于粘结塑料接线管及管件和绝缘密封。电工专用，凝固快；黏结力强，寿命长；绝缘密封性能好；阻燃。

（七）油漆材料

美化家居离不开作为饰面材料的油漆，选用油漆时尽可能要选择环保达标产品。目前建材市场上油漆的销售已有许多种，但常用的有清油、混油、厚漆、调和漆、清漆等。

（八）水电材料

水电材料及施工属于隐蔽工程，是装修中重要的环节，水电材料的质量好坏关乎住房的使用年限。一般归类为：水暖、电线、电工辅料类、开关插座类等。

水暖材料有：① 铝塑复合管：铝塑复合管是目前市面上较为吃香的一种管材，由于其质轻、耐用而且施工方便，其可弯曲性更适合在家装中使用。其主要缺点是在用作热水管使用时，由于长期的热胀冷缩会造成管壁错位以致造成渗漏。② PVC管：PVC（聚氯乙烯）塑料管是一种现代合成材料管材。一般来说，由于其强度远远不能适用于水管的承压要求，所以极少使用于自来水管。大部分情况下，PVC管适用于电线管道和排污管道。③ PP-R管：PP-R管（嵌段共聚聚丙烯）由于在施工中采用溶接技术，所以也俗称热溶管。一般来说，这种材质可用于冷热水管道（见图48）。

电线的配置也有一定的要求和标准，家庭用电源线宜采用BVV2×2.5和BVV2×1.5型号的电线。BVV是国家标准代号，为铜质护套线，2×2.5和2×1.5分别代表2芯

2.5mm² 和2芯1.5mm²。一般情况下，2×2.5做主线、干线，2×1.5做单个电器支线、开关线。单相空调专线用BVV2×4，另配专用地线。另外电工辅助材料一般有绝缘胶布、开关盒、电线卡等等（见图49）。

二、装饰施工流程与工艺构造

根据室内施工的流程，我们将装饰流程分为：水电施工阶段——泥工施工阶段——木工施工阶段——油漆工施工阶段——安装调配工程等等。按照施工的部位，我们可以将施工分为：室内楼地面施工与构造、墙面施工与构造、顶棚施工与构造三大类。

（一）室内楼地面施工与构造

室内楼地面是指建筑物底层地面和楼层地面的总和，如下介绍几个基本的室内地面施工及构造。

1. 木地板装饰的基本工艺流程

（1）粘贴法施工工艺为：基层清理→涂刷底胶→弹线、找平→钻孔、安装预埋件→安装毛地板、找平、刨平→钉术地板、找平、刨平→钉踢脚板→刨光、打磨→油漆→上蜡。

（2）强化复合地板施工工艺：清理基层→铺设塑料薄膜地垫→粘贴复合地板→安装踢脚板。

（3）实铺法施工工艺为：基层清理→弹线→钻孔安装预埋件→地面防潮、防水处理→安装木龙骨→垫保温层→弹线、钉装毛地板→找平、刨平→钉木地板→找平、刨平→装踢脚板→刨光、打磨→油漆→上蜡。

2. 铺设塑料地板主要施工工艺流程

（1）半硬质塑料地板块：基层处理→弹线→塑料地板脱脂除蜡→预铺→刮胶→黏巾→滚压→养护。

（2）软质塑料地板块：基层处理→弹线→塑料地板脱脂除蜡→预铺→坡口下料→刮胶→黏贴→焊接→滚压→养护。（3）卷材塑料地板：裁切→基层处理→弹线→刮胶→黏贴→滚压→养护。

（二）墙面施工与构造

1. 天然花岗岩、大理石墙面构造和施工工艺

（1）天然石材较重，为保证安全，一般采用双保险的办法，即板材与基层用铜丝绑扎连接，再灌水泥砂浆。饰面板材与结构墙间隔 3~5cm，作为灌浆缝，灌交时每次灌入高度20cm 左右，实凝后继续灌注。

（2）施工工艺

基层处理→安装基层钢筋网→板材钻孔→绑扎板材→灌浆→嵌缝→抛光。

2. 裱贴墙纸、墙布主要工艺流程

（1）清扫基层、填补缝隙→石膏板面接缝处贴接缝带、补腻子、磨砂纸→满刮腻子、磨平→涂刷防潮剂→涂刷底胶→墙面弹线→壁纸浸水→壁纸、基层涂刷黏结剂→墙纸裁纸、刷胶→上墙裱贴、拼缝、搭接、对花→赶压胶黏剂气泡→擦净胶水→修整。

3. 贴面类墙面装饰工艺流程

（1）粘贴釉面砖：基层清扫处理→抹底子灰→选砖→浸泡→排砖→弹线→黏贴标准点→黏贴瓷砖→勾缝→擦缝→清理。

（三）顶棚施工与构造

（1）木格栅吊顶的作用：木格栅吊顶是家庭装修走廊、玄关、餐厅及有较大顶梁等空间经常使用的方法。

（2）木格栅吊顶的施工工艺：准确测量→龙骨精加工→表面刨光→开半槽搭接→阻燃剂涂刷→清油涂刷→安装饰面板

（3）施工要点：木格栅骨架的制作应在准确测量顶棚尺寸。龙骨应进行精加工，表面刨光，接口处开槽。

竖龙骨交接处应开半槽搭接，并应进行阻燃剂涂刷处理（见图50）。

CHAPTER 3

居住空间的
风格与流派

知识目标：室内居住设计是人类建立生活环境的一门综合艺术和科学，它和建筑设计密不可分，掌握和了解居住空间设计必须深层次地了解其常见的风格流派，只有认识了经典，才能在今后的学习中创新和进步。

重点及难点：风格流派的定义；常见居住空间流派及艺术特征。

01

现代主义风格

风格即风度品格，体现于作品中的艺术特色和个性。一名优秀的设计师所设计的作品往往会有明显的个人印记。居住空间设计的风格和流派，属于室内环境中的艺术造型和精神功能范畴，其风格和流派往往与建筑、家具的风格和流派紧密结合，有时还和同时代的绘画、音乐、雕塑、手工艺品等相互作用及影响。

现代主义风格兴起于20世纪初，最早起源于包豪斯学派，右俄国构成主义和荷兰风格派的基础上发展而来；后逐渐波及全球，演变成一个全球化的设计风格流派。现代主义的核心是理性主义和功能主义，提倡突破传统，创造革新，重视功能和空间的相得益彰，注重发挥结构本身的形式美，崇尚简单、合理的构成工艺，尊重材料的特性，强调设计同工业生产之间的联系。

现代主义风格特征大致可以归纳为：第一，居住空间室内结构简化，空间流畅，强调功能和布局的合理性，注重空间的划分与联系；第二，室内空间各界面设计处理的简洁，不做过多的装饰，强调形式对功能的服从性，注重材质美感的表达；第三，空间设计中强调理性和经济原则，采用标准化部件；第四，室内陈设品造型精简，工艺细致，工业产品化强；第五，在施工和设计中多采用新型材料。图01至图07所示的就是一些典型的现代主义风格作品。

01.朗香教堂 柯布西耶 1950-1954

02.图根哈根别墅 密斯·凡德罗 1930

03

04

05

06

07

03. 范斯沃斯住宅　密斯·凡德罗　1946-1950

04. 范斯沃斯住宅室内设计风格　密斯·凡德罗　1946-1950

05. 范斯沃斯住宅室内平面图　密斯·凡德罗　1946-1950

06. 苏州博物馆　贝聿铭　2006

07. 红蓝椅　里特维德　1918-1923　现代主义（荷兰风格派）室内家具作品

02
后现代主义风格

"后现代主义"一词最早出现在西班牙作家德·奥尼斯于1934年出版的《西班牙与西班牙语类诗选》一书中，用来描述当时现代主义内部的逆动趋势，特别有一种现代主义纯理性的逆反心理，即为后现代主义。后现代主义设计风格形成于美国，兴起于建筑业，后逐渐扩展到其他设计领域。

后现代主义风格是通过对现代主义风格不断地批判和反思渐渐发展壮大的，它在包容现代主义的现代技术和工艺的基础上，从传统、地域、民间风俗和形式中汲取创作灵感，大力拓展包括现代主义在内的几乎所有的传统设计理念，关注于社会文化、地域特色、历史文脉，将经典的传统设计形式、地方民间风格和波普艺术有机地整合成独特的设计理念，同时传播了波普艺术的大众文化、大众口味和大众观点，设计出满足大众需求的作品。从本质上说我们可以将后现代主义看为现代主义的一种延续、修正和补充。后现代室内设计理念可以归纳为以下几点。第一，强调形态的隐喻、符号和文化、历史的装饰主义。后现代主义室内设计的作品中，运用

了众多隐喻性的视觉符号，强调了作品的历史性和文化性，肯定了装饰对于视觉的象征作用，装饰意识和手法有了新的拓展，光、影和建筑构件构成的通透空间，成为装饰的重要手段。第二，主张新旧融合、兼容并蓄的折衷主义立场。后现代主义设计并非简单地复制历史风格，而是把眼光投向被现代主义运动摒弃的数月庞大的历史建筑中，承认历史的延续性，有目的、有意识地挑选古典建筑中具有代表性的、有意义的部分，通过对其进行混合、拼接、分离、简化、变形、解构、综合等，运用新材料、新施工方式和结构构造方法，创造一种新的形式语言与设计理念。第三，强化设计手段的含糊性和戏谑性。后现代主义室内设计师运用分解与解析的手法，打破了既存的形式和意向格局，导致一定程度上的模糊性和多义性，将现代主义设计的冷漠、理性的特征转变为一种在设计细节中采用的调侃手段，以强调非理性因素来达到一种设计中的轻松和宽容。图08就是后现代主义风格的代表作品。

08．费城栗子山住宅

罗伯特·温图利　1962

08

04
其他风格

一、自然风格

自然风格倡导"回归自然"，只有在美学上推崇自然、结合自然，才能在当今高科技、高节奏的社会生活中，使人们获得生理和心理上的平衡，因此室内多用木料、织物、石材等天然材料，显示材料的纹理，清新淡雅。此风格常考虑室内环境与自然环境与相互关系，尽量将自然条件、绿化、自然色彩等引进室内，满足人们亲近自然的心理需求。回归自然

风格大致可以归纳为以下几点。

（1）充分地利用自然条件。

（2）自然风格室内设计强调材料的自然朴实，多呈现自然纹饰。

（3）造型外观和界面处理简洁化，缓解不必要的装饰所带来的能源消耗和环境污染问题。

（4）以自然景观为室内主题，通过自然景观的塑造，给室内空间带来大自然的勃勃生机，增添生活情趣。图11就是自然风格的室内空间设计作品。

11 . 自然风格的室内空间

11

二、高技派风格

高技派风格出现于20世纪60~70年代，现在，以英国为大本营的高技派渐渐发展成熟，业已成为一个具有国际影响力的设计流派。高技派风格克服了现代主义的教条性和单调性，追求鲜明的个性化设计语言和形式。

高技派对于我国的影响是从80年代末开始，随着改革开放以及文化的对外交流，高技派设计理念逐渐传入中国。最先受影响的是建筑领域，先是在建筑外立面幕墙上使用，当时这种超前的做法，引起了广泛的争议。

90年代中期开始高技派才逐渐引入到公共建筑的内部空间，渐而变成一股时尚的设计潮流。在近十年的发展中，高技派风格渐渐被大家认知和接受。这种设计风格发生了三次较大的演变过程。初期，设计师们只是将铝板、玻璃这种材料作为一种饰面材料来代替以往的夹板、石膏板等，还不知道如何来利用它的特性。

随着对外交流的增多，国内设计师观摩借鉴国外的同类作品，设计师们认识到高技派风格的内在精神。运用"高技派"手法的两个特点：一是强调材料特征，用对比、类推、共生、重复、秩序等方式来构成空间；二是强调运用结构体系，运用特殊和巧妙的结构来展现设计的独特和鲜明特色。在进一步的发展过程中，国内的设计师对"高技派"有了进一步的深层次的认识，对设计符号和符合施工、符合构件加工的要求有了较深的理解，"高技派"的发展是推动装修行业工业化进程的一个非常好的方式，实现装修"三化"即工厂化、构件化、标准化。

三、新古典主义风格

新古典主义的设计风格其实是经过改良的古典主义风格，是在经典古典主义风格的基础上，经现代的设计理念提炼后再重新组合的一种新风格。经过简化与提炼后的风格仍然散发着强烈的历史气息与厚重的文化底蕴。新古典主义风格的特点介绍如下。

（1）"形散神聚"是新古典主义风格的主要特点。在注重装饰效果的同时，用现代的手法和材料还原古典气质。

（2）讲求风格。其造型设计不是简单的仿古和复古，而是追求设计精髓的神似。

（3）用简化的手法、现代的材料和工艺技术去追求传统样式的大致特点。

（4）注重装饰效果，通过摆设陈设品来增强历史感。图12和图13就是新古典主义风格的室内空间设计作品。

（5）欧式新古典主义风格在室内中常见的元素有壁炉、水晶宫灯、拱门、罗马古柱等，温雅而和谐是新古典主义风格的代名词。白色、金色、黄色、暗红色是欧式风格中常见的主色调，少量白色糅合，使色彩看起来明亮。

文中新古典主义风格

（6）中式新古典主义风格的建材往往取材于自然，如木材、石头，尤其是木材，从古至今更是中式风格朴实的象征。相比欧式新古典主义风格，中式新古典主义风格往往不拘于形式，而更注重传统文化内涵的表达。他是中国传统文化在当前时代背景下的演绎。

近几年新古典主义风格对我国家居设计的影响越来越大，得到了广大的认可和流行。新古典主义风格在当今具有比较广阔的市场中，有着数量可观的消费群体。国内许多样板房和售楼处常选用欧式新古典主义来诠释设计的内涵和奢华。当代中国所流行的欧式新古典主义风格，其形式是对18世纪新古典主义的改良式的继承与发扬。当然新古典主义风格也有其局限性，新古典主义风格空间，其奢华的外表自然流露出一种贵族式的气息，受到中高收入阶层的青睐，但同时也排斥掉了相当大一部分中低等收入的消费群体。

12．中式新古典主义设计风格　邱斌、熊奎

12

13. 欧式新古典主义设计风格　熊奎、邱斌

CHAPTER 4

居住空间设计
方法与分类

知识目标： 在居住空间设计中，平面图的作用非常重要，它体现了居住者对使用功能的要求。我们在学习过程中必须掌握功能设计的基本感念、居住空间设计功能的划分、设计比例和区域往往更多地在界面设计中展现。而界面设计的相关处理技巧奠定了设计视觉效果的好与坏，只有对上述知识点运用熟练，才能完成设计师需要的设计作品。

重点及难点： 居住空间功能设计；居住空间界面设计。

01
功能设计

一、基本概念

居住空间是一种以家庭的居住活动为中心的建筑环境。它和人们的生活联系紧密，是人们日常生活基本要素之一。在当今个性化、多元化的信息时代，市场竞争日趋激烈，人们的消费观念也在不断发生变化，人们对生活、起居的居住空间要求也从实用性过渡到更高层次的追求。这就要求设计师兼顾设计功能性和消费者的情感，构思创新型居住空间，运用独特、创新的设计理念，使居住环境能够适应新的消费观，促进居住空间设计水平的提高与创新。

二、居住空间平面功能划分

居住空间设计的一个重要规划内容就是组织空间，对不同空间的功能和形式进行有序的组织和安排，根据空间的主从关系和流程秩序设计出空间路径。

居住空间一般划分为：玄关、门厅、起居室、卧室、餐厅、厨房、书房、儿童房、卫生间、衣帽间等。在划分设计空间时也应遵循各空间形式的法则，并尽量满足客户的需求。

起居室：
（1）主次分明
（2）过道要避免斜穿
（3）相对隐蔽
（4）通风防尘

餐厅：
色彩对人们就餐时的心理影响较大，考虑到色彩的同时还要考虑灯光效果。

卧室：
主卧的布置应达到隐密、安静、便利、合理、舒适和安全等要求，使主人身心放松并得到很好的休息。

儿童房：
（1）尺度设计要合理，要充分考虑儿童的身高等因素及其活动特点。
（2）装饰摆设要得当，要考虑到装饰品的材质对儿童的影响，在设计过程中尽量考虑有利于儿童身心健康的因素。
（3）把握色彩和图案，设计师需要针对儿童的审美特点，设计出形状夸张、色彩艳丽，童趣的图案。

老人房间：
（1）居室以坐北朝南为佳，采光不必过多，环境要好，在色调上尽量平和，不要有太激烈的色彩。
（2）老年人一般腿脚不方便，在选择日常生活中固定的家具时应充分考虑老年人的行动便利。

书房：
（1）充分考虑书籍陈列空间，包括书架、文件柜、博古架等家具。
（2）设计阅读工作台时要考虑人机工程学数据。

厨房：
厨房的功能基本可分为服务功能（洗菜、加工食物等）、装饰功能（灯光效果、墙面装饰效果等）和兼容功能（储物功能等）。

02
界面设计

一、基本概念

居住空间的界面设计是指通过对室内空间的地面、墙面、隔断、顶面等各界面的使用功能和特点作出分析，并完成对各界面的形状、比例、材质、肌理、空间环境等方面的设计。

二、天面设计方法

天面是室内空间设计中的顶界面，其设计功能是装饰原始建筑楼板的粗糙和简陋，取而代之的是更具亲和力和安全感的天面造型设计。天面设计施工还兼具保护建筑主体结构的功能，在施工中要尽可能地避免破坏建筑物。居住空间设计中常见的天面装饰形式有以下几种。

（1）平整式天面吊顶

平整式天面，天面表面呈现为平面或者曲面的顶棚。其特点是天面表现为使用喷涂、粉刷、壁纸、软包等装饰完成的一个较大的平面，其吊顶结构通常由轻钢龙骨与石膏板或矿棉板等材料组成，在天面上安装若干个灯具或拼接成暗藏灯槽；平整式天面吊顶构造简洁大方，通过形状、色彩、质感、分格线的比例来增强艺术感染力。

（2）井格式天面吊顶

井格式天面吊顶是利用井字梁因形利导或为了顶面的造型所制作的假格梁的一种吊顶形式。配合灯具以及单层或多层装饰线条进行设计，丰富天花的造型或对居室进行合理分区。

（3）悬吊式天面吊顶

悬吊式天面吊顶是通过在承重结构下悬浮各种折板、搁棚或各种悬吊的饰物构成悬吊式吊顶。这种天面富于变化动感，给人一种耳目一新的美感，常用于宾馆、音乐厅、展馆、影视厅等的吊顶装饰，偶尔也会运用于楼层较高的别墅空间。常通过各种灯光照射而产生别致的造型，流溢出光影的艺术趣味。

（4）玻璃式天面吊顶

玻璃式天面吊顶是利用透明、半透明或彩绘玻璃作为室内天面的一种形式。这种形式的主要作用是方便采光、观赏和美化环境，还有圆顶、平顶、折面顶等多种形态，能够给人以明亮、清新、室内见天的神奇感觉。

（5）分层式天面吊顶

将吊顶天面分成不同标高的一个或数个层次，被称为分层式天面吊顶。剧场、多功能会议厅的吊顶通常采用暗藏灯槽的形式，以表现柔和均匀的光线，因此可以以高低不同的吊顶层次与这种间接照明相呼应。这也是我们日常生活中最常用的一种吊顶形式。

（6）发光式天面吊顶

采用半透明的装饰材料，内部暗藏灯光，装饰在吊顶层上。这种吊顶可以打破空间的封闭感，更好地达到采光要求和装饰效果。

三、立面设计方法

立面设计在室内居住空间中主要体现在墙面、柱体、隔断以及门窗造型等部位。立面设计是空间设计的主要体现部分，在设计中所占比重很大。它一般以垂直的形式出现，属于空间的侧界面设计。

墙面是居住空间设计的主要表现部分，其色彩、质感、肌理和装饰图案造型都能对空间产生直接影响。一个室内空间的色彩表现往往也是通过墙面的色彩来奠定空间主色调的。墙面造型的结构不同也会影响到空间的流动感和次序感。所以设计师在空间设计时，墙面是使空间出彩的重点部位，也是面的设计元素的体现。

对于柱体立面设计，一般来说柱体在公共空间中出现较多，私人居住空间出现很少。柱体设计过程中应当把握住风格的统一，虽然在造型上可以有些跳跃性和趣味性，但柱体的整体设计往往在空间设计中以线的设计元素来体现。另外柱体设计往往可以借用构成的法则，比如重复、色彩渐变等，也能产生意外的空间效果。

隔断立面设计。它是空间分割与联系的纽带。空间被隔断的方式决定了它们之间的关系，隔断分割的最终目的是获得围与透的空间最佳组合。在近几年的空间设计中，隔断的形式不断发展：传统的墙体固定隔断模式的使用逐渐减少，空间之间的界面趋于模糊，各种形式的隔断层出不穷。现在在某些特定的场合，设计师结合高科技手段，运用声、光、电技术，发展出了更具趣味的空间分割形式。

门窗立面设计，门窗是建筑的重要容貌特征之一，每个建筑门窗都应有其个性特点。门窗在居住环境空间中不仅具有连接通道及通风的传统功能，还兼具装饰美化功能。不论是我国的传统环境艺术或西方的环境艺术，都非常讲究门窗的形式及装饰风格。

在居住空间中，常被运用的门的形式有平板门、玻璃门、百叶门、雕花门、铁艺门等等。设计师在设计空间作品时，往往通过门窗的设计为装饰风格画龙点睛。

设计师在对居住空间进行立面设计时，在整合大的设计感的同时，可以运用和遵守构成的法则对空间进行处理。空间立面的构成元素也可以理解成平面构成基本元素中的点、线、面。点是形态构造中最基本的元素，也是最小的视觉单位，同时还具有凝聚视线的特征。点的特征表现在其大小、形状、所在空间的位置、方向、位置、距离、虚实等成为关系到空间整体造型的重要因素。

线是点移动的轨迹，具有位置、长度、宽度及方向等特征。线在设计中变化万千，具有多种组合形式，在设计法则中是不可缺少的元素。线善于表现空间的静与动，比如直线具有稳定性及力度，疏密变化的线能传递空间的速度感。

面是线的移动轨迹，在空间设计中面的形态多种多样，不同形态的面在视觉上给人以不同的感受，例如：几何形态的面表现出规则、平稳、富有理性的特性；不规则的面给人以生动、活泼、富有哲理性的感觉。设计师在空间设计过程中揉合构成的法则，往往能设计出更灵动的效果。

03 不同类型居住空间设计

住宅一般可以分为集体宿舍、普通民居、城市公寓、豪华别墅及复式楼住宅等。住宅建筑是城市里常见的建筑形式，以上所述的住宅类别是现代住宅的多种形式形态。它是人们生活的基本载体，是城市建设的主体，是建筑艺术及设计艺术的结合体。居住空间在空间结构上有六面体围合结构、砖混柱板梁结构、钢混框架结构、预制件组装结构四种结构形式。在空间形式上可分为平面组合及跃层空间形式等。平面组合常见于普通公寓房（两房两厅、三房两厅）。跃层空间常见于复式楼及别墅结构形式。普通公寓房及别墅、复式楼设计在平面功能上都遵循居住空间的平面功能的基本划分、在界面设计上也遵循相同的设计法则，只是在细节处理上会有些不同（见图01、图02）。

一、普通公寓房设计

普通公寓房是常见的居住空间类别之一。公寓居住空间的特点有：为家庭服务；提供包括睡眠、就餐，烹饪、会客、学习、工作、家庭娱乐、储藏、盥洗在内的诸多功能。在设计过程中需考虑功能性的同时还要把握设计要点：第一，私密性，确保睡眠和私生活不受干扰；第二，卫生性，应考虑日照、通风、采光，并保证一定的空间力度；第三，空间便利性、空间尺度功能分区以及流线组织应符合居民使用的基本规律。

公寓户型种类一般划分为以下几种：

1. 两室两厅（90平米左右）
2. 三式两厅（90-120平米）
3. 四房两厅（120平米以上）

二、复式楼设计

复式楼住宅是常见的普通住宅之一，其相对于公寓房而言结构较为复杂，空间划分也更复杂，需要考虑的空间细节更多（见图03）。复式楼一般都有架空结构设计，楼梯在复式楼设计中是体现居住空间格局的重要部件，在家居空间设计中楼梯一般有如下几种：

1. 直梯。现在已经较少见了，因为需占用太多的空间。
2. 弧梯。现在有较多的复式房采用这种设计，弧梯占用的面积较多，多用于大型的复式房，效果大气美观。
3. 折梯。很多复式房的楼梯采用此设计，优点是占用面积少，既满足功能又节省面积，但是在空间使用上缺少气势。

楼梯设计中需注意的细节及相关要求：

1. 楼梯的坡度不宜太大，这不仅是考虑到老人和小孩，对于成年人也是一件值得注意的事情。
2. 楼梯是易磨损部位，所以应使用较为坚固的材，比如石材、抛光砖都是常用的楼梯踏步材料。
3. 楼梯的栏杆的宽度的大小应从孩子夹头的可能性来考虑，要么孩子头部进不去，要么可以自由穿过。
4. 对于有缝隙的楼梯踏级要注意女士穿短裙子时的仪态问题，避免出现尴尬的情况。
5. 楼梯的踏板要注意做圆角处理，避免对脚部造成伤害。

另外在设计复式楼的界面关系时，设计师应该把握整体造型，不光要考虑功能布局、人机工程系以及遵循美的设计法则，造型上还应该以大局为基础，尽量做到结构统一，避免空间繁杂琐碎缺少整体感。下面来看一套中式复式楼设计的案例（见图04、图05、图06）。

居住空间的房屋结构类型

空间结构
- 六面体围合结构
- 砖混柱板梁结构
- 钢混框架结构
- 预制件组装结构

空间形式
- 空间平面组合
- 跃层空间组合

01

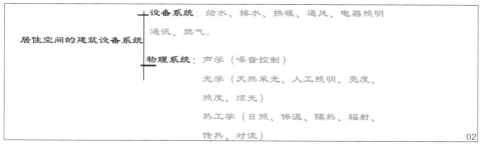

居住空间的建筑设备系统

设备系统：给水、排水、拱暖、通风、电器照明
通讯、燃气。

物理系统：声学（噪音控制）
光学（天然采光、人工照明、亮度、照度、炫光）
热工学（日照、保温、隔热、辐射、传热、对流）

02

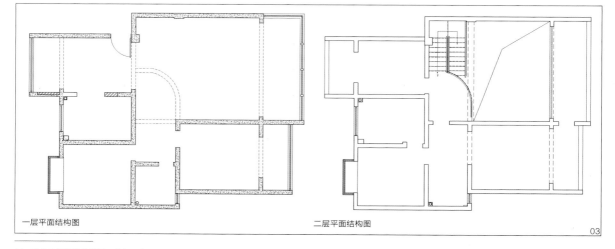

一层平面结构图   二层平面结构图
03

01.居住空间的结构类型及空间形式示意图   02.居住空间的建筑设备系统示意图

03.复式楼原始结构图

此乃中式复式楼设计项目的平面结构图纸。在设计过程中对平面修改及布局已经与业主达成了共识，满足了其功能。接下来业主对设计的细节也进行了参与，提供了已购买的家具图片样品稿。

设计过程中运用的部分材料样品：

在平面图确定的情况下，设计师以手绘草图的形成对各个造型进行设计，在有条件情况下做出电脑效果图进行模拟观察（主要是吊顶及墙面造型）。观察时要注意各个角度的造型和整体效果，在此基础上设计师作出新的设计任务安排和修改意见（见图07）。

在三维模拟效果图中导入并安置好业主提供的中式沙发，再次观察家具在整个空间内的效果是否统一，其他部位是否还需修改（见图08）。

在家具摆放进去后，设计师如果发现问题需要调整，并要对其所在空间进行调整，其中主要调节空间纵深感、材质的真实厚重感，最后确定设计图（见图09）。

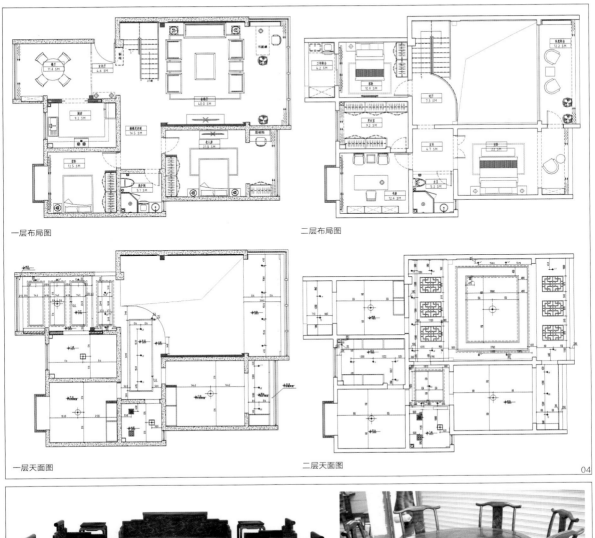

一层布局图　　　　　　　　　　二层布局图

一层天面图　　　　　　　　　　二层天面图

04

客厅家具样品图　　　　　　　　餐厅家具样品图

05

04.客户最终确定的平面及天面示意图　　05.业主提供的部分家具样板图片

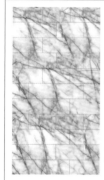

香雪梅大理石　　　深色原木地板　　　　　　木质饰面板

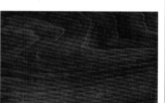

06. 部分材料样板图片

07. 部分客厅草图

08. 安置部分家具后再次进行观察设计

06

07

08

CHAPTER 5

居住空间设计
程序与步骤

知识目标： 本章节主要讲解设计的市场化。设计与市场是密不可分的，它是服务市场的，因此好的设计是能得到市场认可的。在商业市场中，我们的设计工作将如何开展的，本章节将会进行较全面的讲解。

重点及难点： 接受设计任务；概念设计；深化设计概念。

01

设计的前期准备与设计调研

室内设计的前期准备工作包括三大块：① 委托设计；② 同项目市场场调研；③ 当地相同项目的资料的搜集与整理。当设计师洽谈居住类别设计项目时，必须要对当地相同项目进行一个前期调研，了解当地的整体设计水平，当地偏好的设计风格等。这也是设计师在接受设计任务后第一时间要收集的资料，之后对调查结果进行分析和研究。为设计概念的形成，以及后续的设计工作提供充分的经验依据和信息支持。

一、委托设计

受到委托方委托之后立马就设计出概念图的情况是比较少的，因为首先要弄清楚该室内设计的内容、甲方的需求、预定的标准等等。然后设计师从实际情况出发，拟定一份符合实际情况、双方均认可的设计任务书。在拟定任务书的同时经济问题也是需要充分考虑的因素，否则再好的设计，在没经济基础的支持下也很难实现。设计任务书的内容一般涵盖项目概况、使用功能、预计投入费用等。

二、市场调查研究和资料整理

这两步工作几乎是相互穿插、同时进行的。设计师一般会对与该类型相同的项目进行直接考察并掌握最直接的一手资料，如：承接了业主的别墅设计委托后，设计师一般会去考

察业主物业的实际情况，然后考察在当地比较有影响力的楼盘，及其别墅样板房。另外，业主邻居中设计得比较有特色精装房也是被考察的对象。这种直接资料的获得可以节约设计师的时间，也可以更直接、明确地传递业主的设计要求和设计喜好。

在收集完第一手资料和直接资料后，设计师还可以继续整理间接资料，比如在网络上查看国内外经典设计，继续充实和完善设计前期工作（见图01、02、03）。

01 . 别墅外建筑及内部结构, 项目资料收集阶段

02
讨论分析

讨论分析主要包括现场分析及资料分析两大部分。资料分析是对建筑原始户型图、设计前期准备中的风格图片等进行分析并参考本地相同项目实景照片等。通过分析现有资料，设计师和业主可以就这些情况进行讨论，主要围绕项目的特点、难点情况、风格要求、经济问题等全方位地研讨。设计师需要对整个项目深思熟虑，尽可能地考虑到方方面面，及时提出问题及做出解决方案。另外设计师对项目所涉及到的相关法律法规要充分了解，因为这些关系到公共安全，此外还要向业主说明防火知识、防盗、交通疏散、采暖及电气情况等，这样业主会对项目有个综合的了解。

现场分析是在资料分析后，设计师可以同业主去项目所在地，对现场进行直观的分析。让业主将所掌握的综合情况在现场展现，建立具象的空间意识。这样在今后设计过程中业主就能对房屋结构和相关需求有更深层次的理解（见图03、04、05、06、07）。

手绘表达是设计师的基本职业技能，设计师通过平面手绘图同业主建立沟通，共同探讨各种方案的可行性。

02 . 平面布局图讨论稿阶段　作者：詹莎丽

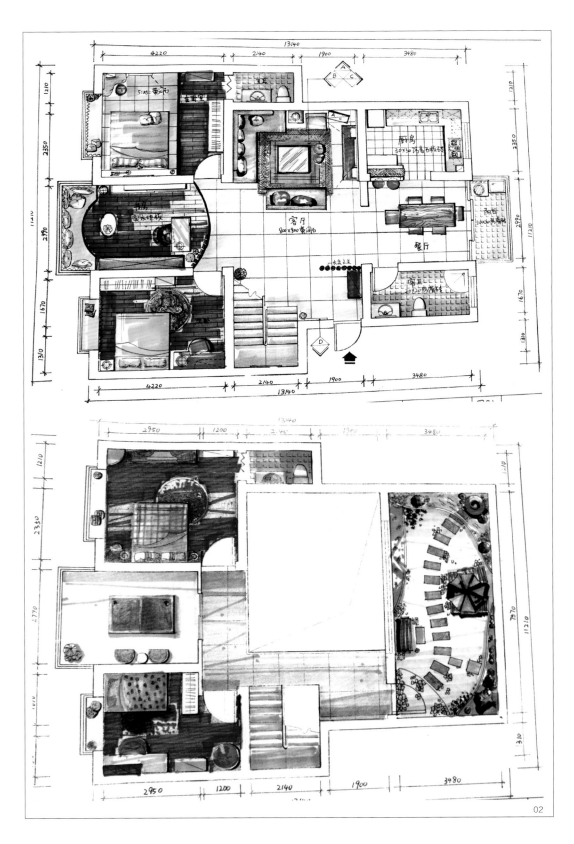

03
概念设计方案

概念设计方案也被称为初步设计阶段，前期的准备工作完成后就开始初步设计了。在这个阶段我们要完成以下相关事务：

（1）通过前期和业主的交流，将达成一致的设计要求编成文字内容，并双方达成共识。

（2）初步确定概念设计任务的内容、设计周期和预算费用等。

（3）完成概念设计任务内容。概念设计方案内容包括的图纸有：A 平面系统图（原始建筑结构图、平面布局图、天面布局图）；B 设计效果概念图（一般现在通过Sketchup草图大师对空间进行初步表现及反映）；C 风格参考图片；D 主要立面设计概念图；E 主要材料图片；F 每平米大概造价及整体概算。

03.深圳矩阵设计公司设计总监　刘建辉绘制

04.主要背景墙电脑绘制的立面图　作者：易璐

05.别墅概念设计，精致的平面图　作者：易璐

03

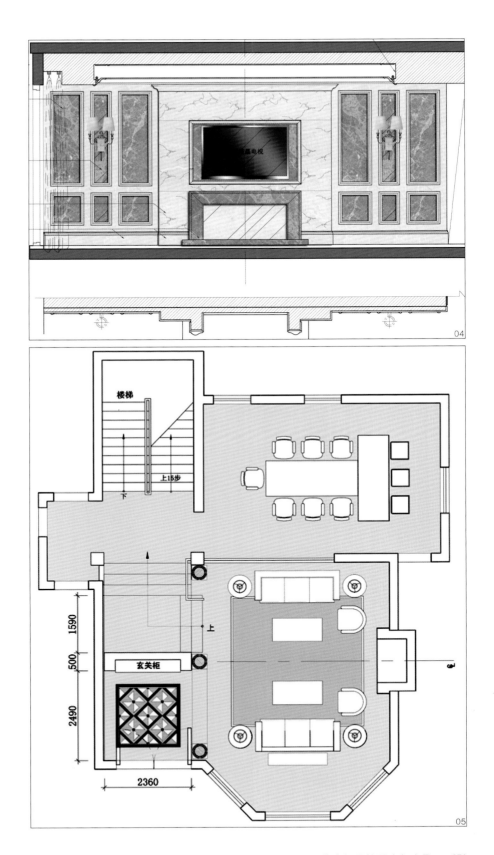

液晶电视

楼梯

上15步

下

1590

500

2490

玄关柜

2360

上

04

05

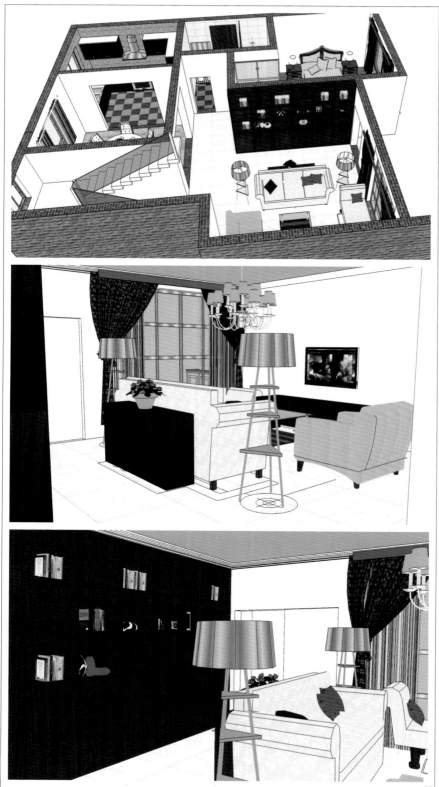

06．Sketchup制作的别墅概念设计图
作者：邱斌

06

04

深化设计

深化设计也被称为扩大初步设计阶段。在设计概念阶段中已经给业主传递了较具象直观的设计效果了，此时业主对将来的住所的风格、色彩、造型已经有了较清晰的概念。这时业主往往能更清楚地表达自己的想法及并评价设计方案。一旦业主提出喜好并确定该设计方案的思路，便可签订设计合同。接下来设计师开始对设计概念进行深化设计，扩大初步设计的内容。

深化设计具有统筹全局的战略意义，对今后的施工阶段有指导作用。它一般在概念设计基础上被进一步完善，反映细节表现，并能明确的表达技术上的可能性和可行性，经济上的合理性及审美上的完整性。深化设计需要扩展的内容有：

① 平面系统图（平面布局、天面布局、天花照明等）。

② 主要背景立面图。

③ 效果图。

④ 装修预算清单。

业主拿到深化图纸后，经对比及观看效果图，最终确定设计方案，接下来就可以做工程专业图纸及开始施工了。

07 . 别墅效果图设计　作者: 邱斌、张星
　　深化后的别墅效果图

07

05

施工图制作及物料清单

完成了上述的工作内容后我们就可以开始制作专业的施工图纸了。业主这个时候的关键作用由原来的参与和了解设计，转变成施工监督实施的并完成设计。这时候的图纸就需要更专业化，对图纸的精细度要有更高的要求，因为这个时候图纸不在是主要传递设计效果，而是解决如何将设计效果变成现实，当然这个过程就是施工过程。施工图纸主要有：平面系统图、立面系统图、效果图、水暖电系统图（水路、电气、照明及插座、空调等）、物料清单等。

以下是施工图制作的具体环节，可作为参考：

1. 补充细部设计

更加深入地与施工和预算结合，修改和补充施工所必要的有关图纸，形成完整施工图。

2. 补充地花平面图

1）反映楼面铺装构造、材料规格名称、制作工艺要求等。

2）用不同的图例表示出不同的材质，并在图面空位上列出图例表。

3）标出起铺点，注意地面石、门槛石、挡水石、波打线、踢脚线应做到对线对缝（特殊设计除外）。

4）标出材料相拼间缝大小、位置。

5）标出完成面、地面填充台高度。

6）地面铺砌方法、规格应考虑出材率，尽量能够做到物尽其用。

7）特殊地花的造型须加索引指示，另做放大详图，并配比例格子放线，以方便订货。

3. 补充天花安装尺寸施工图

1）标出灯具布置定位、灯孔距离（以孔中心为准）。

2）标出天花造型的定位尺寸。

3）标出各设备的布置定位尺寸。

4. 绘制节点详图

5. 绘制设备管线图

（1）开关平面图

①电器说明及系统图放在开关平面图的前面，或在图面空位上列出图例表。

②开关图例严格规范，电气接线用点划线表示。

③注明开关的高度（如H1300）。

④感应开关、电脑控制开关位置要注意其使用说明及安装方式。

⑤开关位置的美观性要从墙身及摆设品作综合的考虑。

（2）插座平面图

①在平面图上用图例标出各种插座，并在图面空位上列出图例表。

②平面家具摆设应以浅灰色细线表示，方便插座图例一目了然。

③标出各插座的高度、离墙尺寸。普通插座（如床头灯、角几灯、清洁备用插座及备用预留插座）高度通常为300mm；台灯插座高度通常为750mm；电视、音响设备插座通常为500~600mm；冰箱、厨房预留插座通常为1400mm；分体空调插座的高度通常为2300~2600mm。

④弱电部分插座（如电视接口、宽带网接口、电话线接口），高度和位置应与插座相同。

⑤强弱电分管分组预埋，参见强弱电施工规范。

（3）给排水平面图

①给排水说明放在给排水平面图前面（按国家设计规范编写），或在图面空位上列出图例表。

②根据平面标出给水口、排水口位置和高度，根据所选用的洁具、厨具定出标高（操作台面的常规高度为780~800mm）。

③标出生活冷水管、热水管的位置和走向。

家具表单

一层

序号	家具图片	名称	尺寸	备注	数	量	单价	总价
ART-01		玄关柜	1.4	亮光烤漆面	7	件	¥ 3,650.00	¥ 25,550.00
ART-02		双人沙发	1.75		14	件	¥ 6,350.00	¥ 88,900.00
ART-03		方桌	1.5	石材台面+不锈钢或者铁艺底座	11	件	¥ 1,850.00	¥ 20,350.00
ART-04		单人沙发		坐垫面料另选	16	件	¥ 3,150.00	¥ 50,400.00

二层

序号	家具图片	名称	尺寸		数	量	单价	总价
ART-01		玄关柜	1.4		4	件	¥ 3,650.00	¥ 14,600.00
ART-02		双人沙发	1.75		12	件	¥ 6,350.00	¥ 76,200.00
ART-03		方桌	1.5	石材台面+不锈钢或者铁艺底座	6	件	¥ 1,850.00	¥ 11,100.00
合计					70			¥ 287,100.00

会所摆件表单							
一层							
序号	摆件图片	名称	使用位置	尺寸	数 量	单价	总价
ART-01			玄关处	1.4	1 件	￥ 1,050.00	￥ 1,050.00
ART-02			休闲区	0.6*0.6	7 件	￥ 650.00	￥ 4,550.00
二层							
序号	摆件图片	名称	使用位置	尺寸	数 量	单价	总价
ART-01			休闲区	0.6*0.6	4 件	￥ 650.00	￥ 2,600.00
	合计			摆件合计	12		￥ 8,200.00

08

08. 会所物料清单

④标出空调排水走向。

⑤标出分水位坡度及地漏的位置，要考虑排水效果。

6. 编写施工说明

7. 造价预算书

8. 物料清单

1）装修主要材料样板图，规格及市场参考价格。

2）家具品牌照片规格及市场价格参考。

3）软装饰品照片及市场参考价格。

这个时候设计施工图基本上就完成了，业主拿到手上的设计图也比较详尽了。接下来就是按图施工将前期的设计构思演变成实际作品了。也只有实际的作品才能证明设计的好坏和反映设计师的才华。（见图08）

CHAPTER 6

居住空间设计作品欣赏

知识目标： 本章节主要展示优秀的在校学生作品，这里面有多年教学中整理出来的部分学生作业，另外也通过同学和同行收集了江西理工大学应科院、江西科技师范大学理工学院、宜春学院等省内部分高校优秀学生作品。一方面；想通过作品的交流能使同学们获得进步和帮助。另一方面；也想展示下这几所高校近几年在居住空间设计和教学中的部分成果。

重点及难点： 作品风格的认识和归类、优秀学生作品的欣赏。

01
工程案例欣赏

01.某别墅设计项目最终设计效果图（客厅效果图）　作者：易璐

02.某别墅设计一层平面图

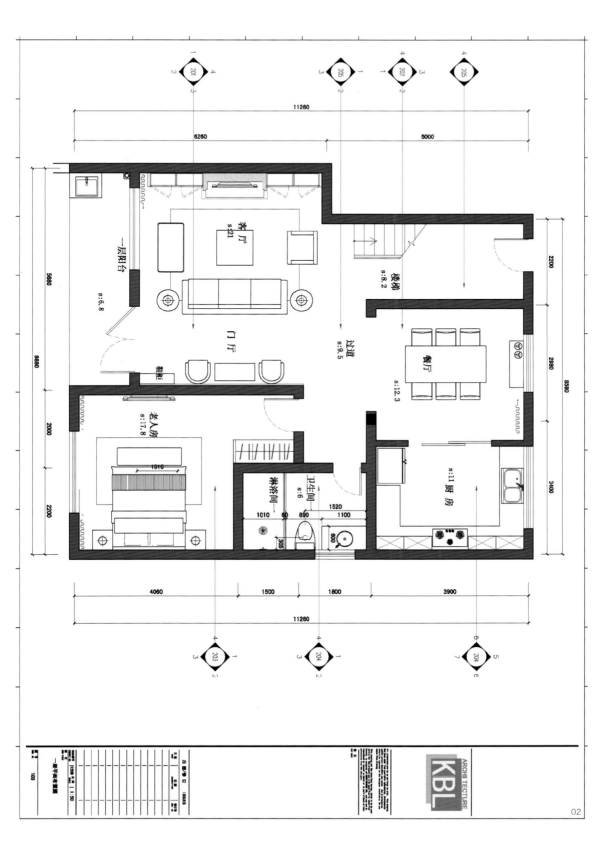

客厅
s:21

一层阳台
s:6.8

楼梯
s:8.2

门厅

过道
s:9.5

餐厅
s:12.3

鞋柜

老人房
s:17.8

淋浴间
s:6

卫生间

s:11 厨房

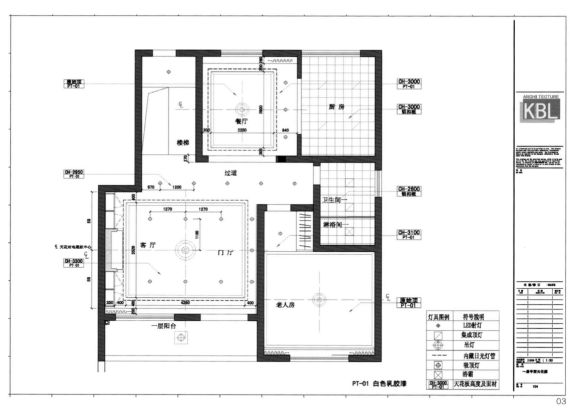

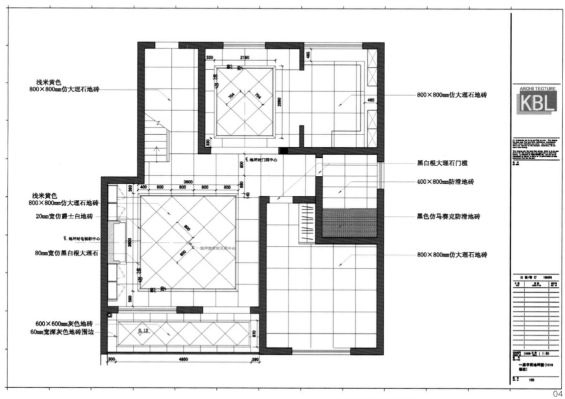

03.某别墅设计一层天面图　　04.某别墅设计一层地面拼花图

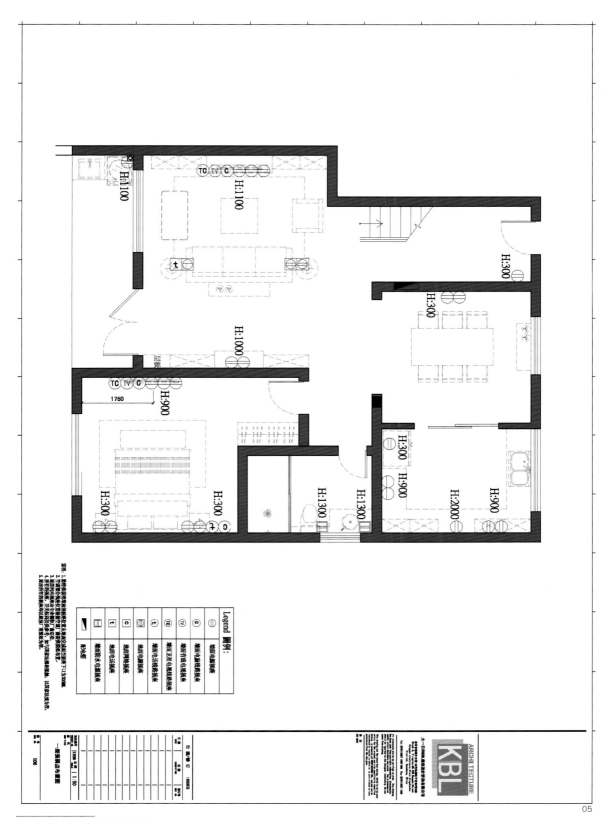

05 . 某别墅设计一层电视背景墙立面图

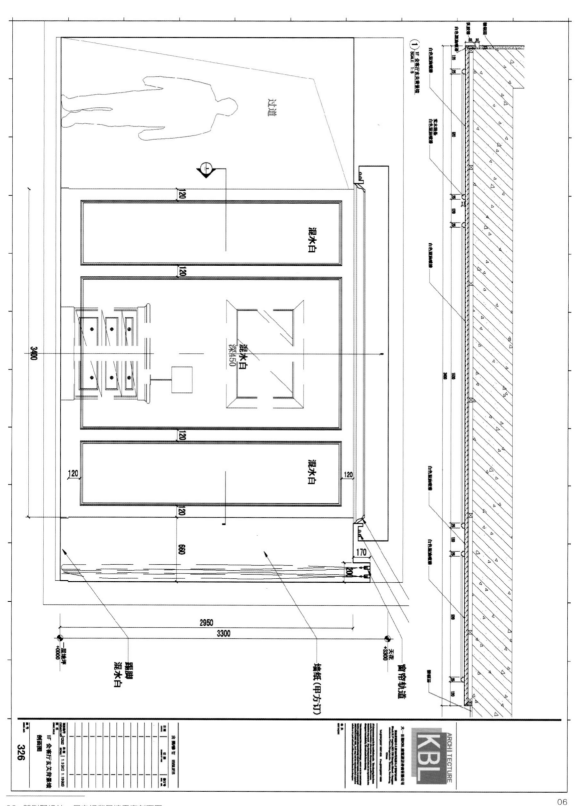

06 . 某别墅设计一层电视背景墙垂直剖面图

02
设计作品案例

07

07 . 作者: 陈巧丽（江西科技师范大学理工学院艺术设计09级） 指导老师: 祝丽莉

08.作者:饶子策

(江西工贸学院工艺系08级)

指导老师:易璐

09.作者:丁美标

(江西工贸学院工艺系10级)

指导老师:易璐

10.作者:刘辉

(江西工贸学院工艺系08级)

指导老师:易璐

11.作者: 刘辉（江西工贸学院工艺系08级）　指导老师: 易璐
12.作者: 刘辉（江西工贸学院工艺系08级）　指导老师: 易璐

13. 作者: 佚名（江西理工大学应科院欧阳老师提供图片）　指导老师: 欧阳可文
14. 作者: 佚名（江西理工大学应科院欧阳老师提供图片）　指导老师: 欧阳可文

15

15.作者：张斌（江西工贸学院工艺系10级学生）　指导老师：易璐

16.宜春学院詹莎莉老师提供学生手绘作品
17.宜春学院詹莎莉老师提供学生手绘作品

19.作者: 李明亮　江西工贸易职院　20.作者: 李明亮　江西工贸易职院

21

21．作者：李明亮　江西工贸易职院

22.作者: 李明亮　江西工贸易职院　　23.作者: 李明亮　江西工贸易职院

24 . 作者: 李明亮   江西工贸易职院